알기쉬운

HAIR COLORING

헤어컬러링

양은진 · 이영미 · 김선희 · 김은하 · 김정숙 · 조해인

메디시언

개정판에 붙여

한류열풍에 힘입어 한국의 미용은 이제 아시아를 넘어 세계에서도 호평을 받는 분야로 인정되고 있습니다. 글로벌시대를 살아가는 현대인에게 유행은 동 시간대에 교류할 수 있는 문화이며, 헤어스타일은 유행을 가장 부각시키는 방법이기도 합니다. 특히, 첫인상과 개성을 표현하는데 효과적인 헤어컬러링은 민족과 피부색을 막론하고 다양하게 연출되고 있습니다.

헤어컬러링은 화학제품을 이용하여 모발에 색을 적용하기 때문에 보다 전문적이고 위생적인 절차와 테크닉을 필요로 합니다. 헤어컬러리스트들에게는 이를 위한 지식과 기술이 필수적으로 요구됩니다.

본 교재는 염색에 필요한 모발이론, 색채이론, 염색이론, 염색실습으로 구분하여 기초이론부터 실제 현장에서 적용할 수 있는 테크닉을 내용으로 구성하여 헤어컬러링을 조금 더 쉽고 전문적으로 배울 수 있도록 하였습니다.

본 교재가 미용교육의 발전에 보탬이 되고, 헤어컬러링을 배우고자 하는 미용인들에게 큰 지침서가 될 수 있기를 희망하며, 미약한 부분은 앞으로 수정, 보완할 것을 약속드립니다.

끝으로 출판을 위해 수고해 주신 지구문화사/메디시언 임직원 여러분께 감사의 마음을 전합니다.

임인년 가을에

저자 일동

차례

Contents

Chapter 3 색채와 모발

Chapter 4 모발의 염색

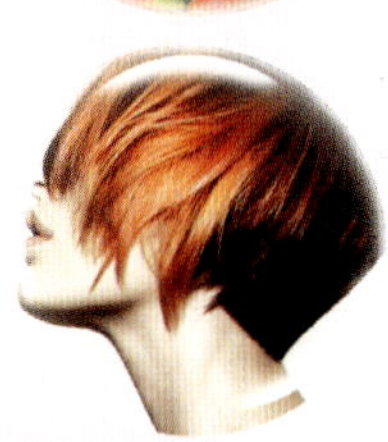

차례

Chapter 1
헤어컬러링의 역사

제1절　고대시대(B.C. 3000년~3세기)
제2절　중세시대(4~15세기)
제3절　근세시대(16~18세기)
제4절　근대시대(19세기)
제5절　현대(20세기)
제6절　2000년대(21세기)

Chapter 1

헤어컬러링의 역사

제1절 고대시대(B.C. 3000년~3세기)

(1) 이집트시대(B. C. 3200년경)

고대 이집트문명은 나일강을 둘러싼 주변지역을 중심으로 전개되었으며 기원전 15세기에 최고의 전성기를 누렸고 기원전 343년에 막을 내렸다. 다신교의 종교적 배경을 가지고 있으며, 신격화된 왕인 파라오가 강력한 통치권을 발휘하는 신분사회였다.

이집트인의 헤어스타일과 머리장식은 간단한 의복에 의해 정교한 것이 많았으며, 그 형태와 재료에 따라 신분과 계급이 구분되었다.

종교의식이나 더운 기후로 인해 남녀 모두 가발을 착용하였으며 가발의 형태와 재료, 색상이 신분과 계급에 따라 달랐다. 가발은 일반적으로 검정색을 주로 사용하였고, 강한 원색의 의복을 입게 되면서 푸른색이나 붉은색으로 염색하여 사용하였다.

모발염색을 위해 새끼 사슴의 뿔을 기름에 태운 것, 게의 담즙, 운하에서 잡은 올챙이를 말려서 빻은 후 기름에 갠 것, 고양이의 자궁과 새의 알을 함께 기름에 태운 것을 사용하였다고 전해지며 눈썹을 염색하기 위하여 아편과 당나귀의 간을 기름에 익혀 작은 경단모양으로 만들어 사용하였다고 전해진다.

페르시아에서는 남자들이 헤나(Henna)로 수염, 두발, 눈썹을 염색하였다.

(2) 그리스시대(B. C. 3000 ~ B. C. 400년)

온화한 지중해성 기후와 주변지역과의 교류가 원활한 지리적 요건으로 그리스인들은 종교, 학문, 문학, 예술 등의 분야에서 빛나는 문화를 형성하였다.

고대 그리스인들은 남녀 모두 자연스러움과 우아함을 지닌 긴 머리를 하였으며 금사나 구슬이 달린 망과 헤어밴드를 이용하여 머리장식을 하였고 햇빛을 가리는 목적으로 모자를 착용하였다.

기원전 4세기경 머리모양에 무관심했던 스파르타의 여인들과는 달리 아테네의 여인들은 머리치장에 몰두하였다. 머리를 굵게 웨이브를 주거나 땋아서 치장하였고 머리에 향유를 바르고 금발을 이상적으로 생각하여 염색이나 탈색을 하거나 금발로 만들어진 가발을 착용하였다. 금발을 위한 노력으로 특별히 만든 연고로 머리를 감은 후 아무 것도 쓰지 않은 채 오랜 시간 햇빛에 앉아서 자연탈색효과로 금발이 되기를 기다렸다.

(3) 로마시대(B. C. 8세기~ 3세기)

로마문명은 그리스 문화와 함께 헬레니즘, 에투루리아, 이집트 문명을 흡수하여 좀 더 실용적인 가치를 존중한 문화로 재현하였으며, 크리스트교를 유럽문명의 정신적 질서로서 확립하는 데 기여하였다.

기원전 4세기 로마에는 '톤서(Tonsor)'라는 이발사가 머리를 자르고 면도하거나 수염을 다듬고 염색 하였으며 제모를 하여 손과 발을 곱게 다듬는 역할을 하였다.

로마인들은 납이 공기 중의 산소에 의해 산화되면 점차 어두운 색상이 되는 점을 이용하여 납을 머리카락에 바르고 빗질을 한 후 방치하여 모발을 염색하였다.

로마인들은 고올 지방을 정복한 후 금발인들을 로마로 데려갔는데 이를 본 로마인들이 그들의 금발머리를 잘라 가발을 만들어 사용하였다. 이것도 한계에 이르자 너도밤나무의 재를 염소기름에 섞어 발랐고, 유향나무 기름과 식초의 앙금을 섞어 머리에 물들여 그들의 모발을 탈색시켜 금발과 유사한 색상을 연출하였다.

로마시대의 지하묘지에서는 머리를 지지는 데 필요한 로션, 털 뽑는 기구, 머리를 검게 물들이는 여러 가지 재료 등이 발견되었다.

제 2 절 중세시대(4~15세기)

(1) 비잔틴시대(4~10세기)

비잔틴 문화는 그리스, 로마의 문화를 간직하고 오리엔트, 로마, 마호메트의 영향을 받았으며 기독교의 문화를 계승하여 서양문명을 발전시켰다. 비잔틴 문화의 특색은 아름다운 모자이크와 세밀화로 대표되는 미술 분야이다. 지리적인 요건과 경제적 번영에 힘입은 동방문화와의 교류 덕분에 동유럽 문명권의 형성에 중요한 역할을 담당할 수 있었다. 페르시아의 화려한 색채감각과 중국의 견직물은 비잔틴 복식의 특징이다.

비잔틴시대에는 터번을 머리에 감거나 머리에 관을 쓰고 밴드나 베일로 장식 하여 머리모양이 잘 나타나지 않았다.

남성의 머리 형태는 이마에 가지런히 내려오도록 깎은 앞머리와 단발 모양의 단순한 형태였다. 여성의 헤어스타일은 자연 그대로의 머리를 늘어뜨리거나 양쪽으로 길게 땋아 허리나 무릎까지 길게 늘어뜨렸으며 검게 물을 들였다.

비잔틴시대의 여인들은 진주나 보석을 장식한 캡이나 베일, 밴드, 보석관을 장신구로 사용하여 화려한 의상과 조화를 이루었다.

(2) 로마네스크 시대(11~13세기)

로마네스크 시대는 기독교의 영향으로 신체의 노출을 꺼리고 순결과 청빈, 순종의 자세를 중시하였다. 종교적 이해관계로 11세기에 시작된 십자군 전쟁으로 인해 동방과 직접적으로 접촉하게 되면서 정신적, 물질적인 영향을 받게 되었다.

당시 남성들은 주로 짧은 단발의 머리모양을 하였으며 귀족층은 모자, 서민층은 후드를 많이 착용하였다.

여성의 머리는 정면에서 가르마를 타서 두 가닥 또는 세 가닥으로 길게 늘어뜨린 형태가 주를 이루었다. 종교적 관습으로 머리 전체를 덮은 머리쓰개는 신체를 가린 의복과 함께 기독교의 영향을 나타내었다.

(3) 고딕시대(14~15세기)

십자군 전쟁으로 인해 중세말 고딕시대에는 동양과의 접촉이 빈번해지면서 새로운 물품들이 수입되었고, 도시의 부흥, 시민계급의 성장, 화폐경제로 인해 생겨난 부의 증가는 생활의 풍족함과 동시에 계급사회의 일대 혼란을 야기하였다.

이 시대에는 신체의 노출을 꺼렸지만 높은 모자, 화려한 장식관이나 머리띠로 머리를 장식하였으며, 여성들은 앞머리를 뽑거나 밀어서 넓게 가꾸는 것이 이상적이었기에 웅황과 생석회 또는 생석회를 기름에 끓인 혼합물을 머리카락에 발라 제거한 후 다시 자라지 않도록 박쥐나 개구리의 피, 식초에 절인 양배추를 태운 재 등을 발랐다. 머리색은 검은 색이나 금발로 염색을 하였고 재와 달걀흰자, 비누를 혼합한 것으로 감았다.

금발머리는 변하지 않는 미의 기준이 되었는데 귀족임을 나타내는 정도에 따라 금빛 머리, 담황색머리, 잿빛 금발머리, 태양보다 더 아름답고 반짝이는 머리 등으로 금색의 정도가 달랐다.

제3절 근세시대(16~18세기)

(1) 르네상스 시대(16세기)

르네상스(Renaissance)란 재생이라는 의미로 14세기경부터 16세기에 걸쳐 그리스, 로마의 고전 문예가 부활한 것을 의미한다.

르네상스는 인간중심 문화와 개성의 해방을 목표로 하였고, 향장학이 하나의 독립된 분야로 발전하였다. 남성의 늠름한 근육, 여성의 가는 허리, 풍만한 가슴, 엉덩이를 강조하는 복식이 유행하였다.

르네상스의 여성적 취향은 남성에게도 영향을 주어 남성의 수염이 사라졌다. 헤어스타일은 단발형이거나 어깨까지 오는 길이, 짧은 형태를 하였고 보닛이나 모자를 착용하였다.

여성의 헤어스타일은 이마를 드러내고 낮은 장식을 사용하였다. 당시 유행한 머리색은 황금색이나 적색이었고, 청색은 하류계급이 사용하였다.

1595년에 출판된 스티븐 고슨(Stephen Gosson) 목사 책의 "곤두선 머리털이 불타는 듯한 머리를 가진 이들"이라는 구절에서 그 당시 이미 염색제의 사용을 말하고 있으며, 1602년 휴플랫(Hugh Plat)은 삼십분 만에 머리카락이나 수염을 밤나무 색으로 염색하는 법을 지도 하였다.

그 방법은 황과 함께 구워서 가루로 만든 납과 생석회를 같은 분량으로 섞어 물에 약간 묽게 개서 머리털이나 수염에 바르고 잘 문지른 후 15분 가량 마르도록 둔 후 깨끗한 물로 여러 번 씻고 마지막으로 비누와 물로 헹구는 것이었다.

(2) 바로크 시대(17세기)

17세기는 예술의 발전, 종교개혁, 자본주의의 출현, 식민지 개척 등의 역사적 상황이 전개되면서 개인주의와 향락주의가 만연하게 되었다. 중세의 창백하고 가냘픔과는 다른 풍만하고 성숙한 여인상이 미적 기준으로 자리 잡았다.

바로크는 '일그러진 진주'라는 의미로 시대의 혼란이 야기하는 기묘하고 이상한 이미지가 강조되어 붙여진 이름이다. 바로크 시대의 남성은 높은 휘스크 칼라를 특징으로 하는 의상 때문에 초기에는 짧은 헤어스타일을 유지하였으나 이후 머리를 기르거나 대형가발 착용이 유행하였다.

머리카락에는 갈색, 연두색, 회색 가루분을 뿌려 착색하였다. 가발은 밝은 갈색을 가장 선호하였다. 여성은 의상만큼 머리형을 중시하여 귀부인들은 전용 미용사를 두기도 하였다.

17세기 초에는 높이 빗어 올려 보석으로 장식한 후 좋아하는 색깔의 머리 분을 바른 헤어스타일을 하였으나 플랫칼라의 등장으로 점차 높은 머리가 없어지고 자연스러운 컬을 해서 늘어뜨렸다.

(3) 로코코 시대 (18세기)

로코코는 섬세하며 날렵한 곡선의 비대칭 균형을 추구하는 루이 15~16세 시기의 궁정 양식을 의미한다.

이 시대의 남성들은 이전 시대에 비해 높이가 낮고, 묶은 형태의 가발을 착용하였다. 가발의 재료는 사람의 머리털이나 소, 염소, 말의 털, 송아지 꼬리, 여우 꼬리, 털실, 철사 등을 이용하였다. 남녀노소 모두 여러 가지 색의 밀가루를 이용한 머리가루를 뿌렸다. 가장 많이 사용된 색은 흰색이었다.

여성들의 머리모양은 점차 거대해졌고 마리 앙뚜아네뜨 시대에는 높이와 기교에 있어 가능성의 극한점까지 도달하였다. 머리 분은 의상의 색과 조화를 고려하였으며 백색, 회색, 밝은 황금색 등을 사용하였다.

여성들은 생석회가 들어있는 탈모제를 집에서 제조하여 사용하기도 하고, 화장품 가게에서 탈모제를 사기도 하였다.

제 4 절 근대시대 (19세기)

(1) 엠파이어 시대

루이 14세 이후 신권왕정의 절대 권력과 궁정생활의 사치로 인한 재정파탄은 프랑스 시민혁명을 야기시켰고, 나폴레옹이 등장하면서 근대국가의 기틀을 마련하였다.

이때 영국은 산업혁명이 일어나고 민주주의체제가 마련되는 시기를 맞이하였다.

여성의 복식에는 네크라인이 깊게 파이고 웨이스트라인이 올라간 엠파이어실루엣이 적용된 드레스가 유행하였다.

헤어스타일은 고전의 모방과 재현의 형태를 띤 의상과 조화를 이루어 자연스럽고 편리한 형태의 티투스, 프시케 스타일이 유행하였다. 짧은 헤어스타일을 긴 머리로 연출하기 위해 가발이 많이 사용되었고, 머리는 염색을 하고 여러 가지 색깔의 머리 분을 발랐다. 흐린 핑크가 가장 유행하는 컬러였으며, 회색, 청색, 보라색도 사용되었다.

(2) 로맨틱 시대

나폴레옹의 실각으로 프랑스는 혁명 이후 안정화유지를 위해 전 시대의 귀족 중심사회가 재개되었다. 영국은 산업혁명 후 귀족과 지주 지배체제가 무너지고 신흥 부르주아 계급이 선거법 개정을 달성하였다.

복식에서는 넓은 스커트의 유행으로 패티코트가 부활하였다. 혁명 후의 직선적 실루엣은 18세기를 회고하듯 화려한 복장으로 발전하였으며 이 시기의 스타일을 로맨틱 스타일이라고 하였다.

이 시대의 헤어스타일은 고전적인 형태가 사라지고, 머리의 양옆이나 위에 가발을 붙여 크게 결발한 스타일이 유행하였다. 챙이 넓은 모자와 터번이 유행하였다.

(3) 크리놀린 시대

나폴레옹 3세가 대통령에 당선되어 프랑스의 지위를 대외적으로 강화사킨 시기이며, 영국에서도 빅토리아 여왕이 전성기를 구가하는 시대가 열렸다. 이 시기의 영국을 '해가 지지 않는 나라'라고 하였다.

크리놀린은 1850~1870년대에 스커트를 부풀게 하기 위해 스커트 속에 입었던 속치마의 명칭이며, 말 털과 마를 혼방한 옷감으로 만든 페티코트를 크리놀린이라고 하였다.

1818년 H_2O_2의 발견으로 탈색의 방법이 간단해졌다.

1860년대 일반 여성들은 루이 나폴레옹 3세의 왕비인 유제니의 머리색인 붉은 갈색의 머리색을 만들기 위해 염색약과 탈색제를 사용하였다.

1863년 독일의 호프만(Hoffmann, August Wilhelm)에 의해 파라페닐렌디아민의 산화에 의해 발색이 된다는 사실이 발견되었다.

(4) 버슬시대

19세기 문명은 산업자본주의에 의해 생겨난 부르주아 계급이 지배하게 된다. 이 시기는 표면적으로 전쟁이 없이 평온한 시기로 문화적 생명력과 창조성이 발휘된 시기이다.

버슬스타일은 스커트의 뒷자락을 부풀게 하기 위해서 버슬(허리받이)을 넣고 스커트를 불룩하게 한 스타일을 일컫는다.

헤어스타일은 퐁파드루형 스타일과 시뇽 스타일이 유행하였다.

1818년 과산화수소가 발견되었고, 파리의 모네회사는 파라페닐렌디아민(Paraphenylen diamine : P.P.D)을 1863년에 발견하여 동물 섬유 염색, 1883년 이를 활용하여 모발 염색을 시도한 것이 현대 염색의 시초라 할 수 있다.

1875년 마르셀 그라토(Marcel Grateau)가 컬을 만들기 위해 마르셀 아이롱(Marcel Iron)을 발명하여 웨이브를 만들었다. 웨이브의 유행으로 가발의 인기는 줄어들었다.

남성들은 머리길이를 더욱 짧게 하고 콧수염과 턱수염을 길러 염색하거나 왁스를 발라 손질하였다.

제 5 절 현대(20세기)

20세기에는 금발, 짙은 색, 백발 등 다양한 색상이 유행했다. 1920년대 이전 인조 합성 염모제는 흰머리 커버용이었다.

1907년 유젠슈엘르(Euge'ne schueller)라는 프랑스의 화학자가 모발을 위한 합성염모제를 개발하였다.

1925년 산화염료를 주원료로 염색약들이 개발되기 시작하였다.

1931년 미국에서는 초록의 뉘앙스가 인기를 끌면서 미국 여성의 75%가 염색을 했고, 특히 핑크빛 오렌지가 인기였다.

1936년 크림타입의 염모제가 출시되었고, 1940년 블리치와 일시적인 염모제 사용이 일반화되었으며 1955년 흰머리 커버력이 향상된 염색약이 출시되었다.

1980년대에는 보색 테크닉과 하이라이트 테크닉 등 기법과 디자인이 발전하였고, 20세기의 모발 염색은 유행과 모델, 배우들이 헤어스타일의 모발 색상에 영향을 입혀 점차 대중적이 되었으며 현대의 경향은 메이크업의 눈과 입술 그리고 피부색과 모발 색상이 어울리는 토탈 패션을 강조한다.

제 6 절 2000년대(21세기)

21세기는 새로운 밀레니엄의 시대로 세계는 급격한 속도의 변화를 일으키고 있다. 핵무기의 확산, 물질문명의 포화로 인간의 정신적 위기, 산성비, 지구온난화현상 등이 지구환경을 변화시키고 있으며, 이로 인해 인류는 박애주의가 확산되고, 자연으로의 회귀를 주장하며 웰빙의 가치를 중요시하게 되었다.

IT의 발전으로 디지털시대가 열리면서 다양한 문화가 혼성되고 매체의 결합으로 인한 새로운 뉴 미디어 아트(New Media Art) 열풍이 일고 있다.

2000년대 헤어스타일은 대중매체의 발달과 인터넷의 대중화로 개인의 개성을 강조하기 위하여 다양한 기법의 헤어스타일이 공존하고 있다.

2000년대 초반에는 오리엔탈리즘과 뉴 미니멀리즘의 영향으로 젠(Zen)스타일이 나타났다. 뱅이 있는 프렌지 라인과 가벼운 질감의 커트, 투톤의 과감한 컬러링과 3단계의 그라데이션 기법이 연출되었다. 팝아트의 영향으로 화려한 컬러링과 비대칭라인, 디스커넥션커트 기법이 나타났고, 펑크의 영향으로 길고 헝클어진 머리에 강렬한 색조 혹은 혼합색조를 이용한 그라데이션 기법이 유행하였다.

2000년대 중반에는 건강과 미용에 대한 관심이 급증하고 탈모와 두피 관리에 대한 관심이 높아지면서 헤어케어의 시대가 도래 하였다.

또한 한류의 영향으로 동양의 신비로운 이미지를 나타내는 커트의 형태와 컬러링이 유행하게 되었다.

Chapter 2
모발의 이해

제1절 모발의 기능
제2절 모발의 형태
제3절 모발의 성장과 주기
제4절 모발의 구조
제5절 모발의 화학적 특성
제6절 모발의 물리적 특성
제7절 모발의 색

Chapter 2

모발의 이해

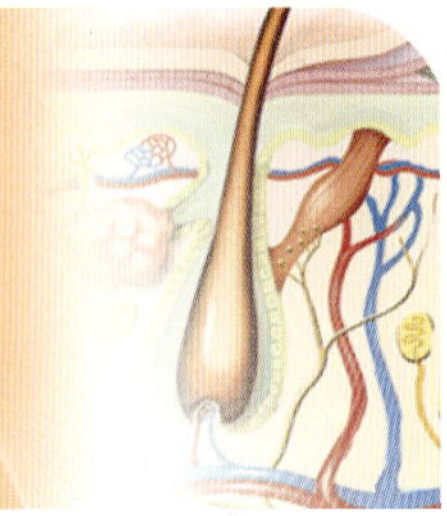

제1절 모발의 기능

모발이란 사람의 몸에 난 털의 총칭으로 머리카락과 그의 신체에 나 있는 모든 털을 포함하는 의미이다. 두발, 수염, 눈썹, 속눈썹, 코털, 귀털, 겨드랑이털, 음모 등으로 불러 구별한다. 포유동물만이 가지고 있는 단단하게 밀착되고 각화된 상피세포로 이루어진 고형의 원추세포이다.

모발은 피부의 부속기관으로 발생학적으로는 피부 표피에서 생긴 것으로 각화현상이 진행되어 한 가닥의 모가 형성되는 것이다. 사람의 경우 모발의 발생은 태생 9~12주부터 시작되고 피지선과 한선과 함께 동시에 발생한다.

모발의 기능은 기능적 측면과 미용적 측면으로 나눌 수 있는데 기능적 측면은 외부환경으로부터 보호의 기능, 중금속 등의 배출기능, 감각전달과 장식적 요소로 개성을 표현하는 수단으로 사용되기도 한다. 보호의 기능으로 눈썹은 땀의 흐름을 유도하고, 속눈썹과 코의 털은 먼지나 이물질을 막아 점막을 보호해준다. 또한 더위나 추위는 물론 마찰의 충격을 완화해주며 신체에 유해한 비소, 수은, 아연과 같은 중금속을 배출하는 기능도 있다.

미용적 측면으로 모발은 장식적인 작용이나 성적 매력의 표현 기능을 하며, 조선시대의 얹은머리, 고대이집트의 가발 등 역사적 자료로 활용할 수 있다.

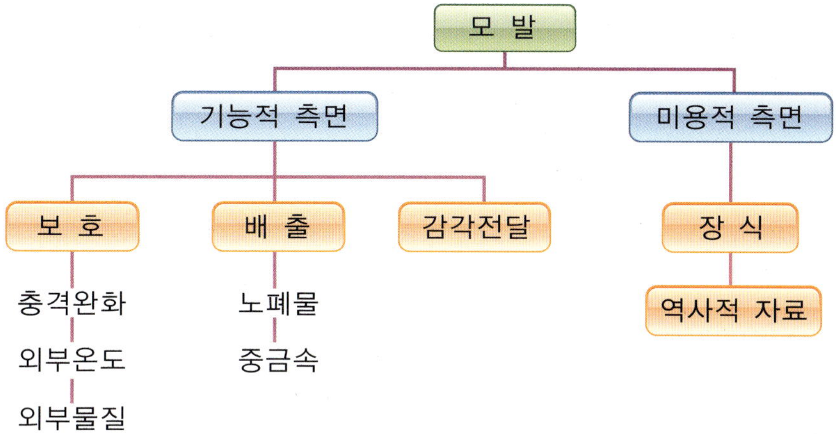

그림 2-1 모발의 기능

제2절 모발의 형태

모발은 직모, 파상모, 축모로 나뉘며 모발의 형태에 따라 곱슬거리는 정도를 수치로 나타낸 것을 모경지수라 한다. 모경지수를 인종별로 분류해보면 흑인 50~60, 백인 62~72, 동양인 75~85, 에스키모 77, 티벳인 80으로 나타난다. 모경지수가 80 미만인 경우는 곱슬머리일 확률이 높다.

모발의 횡단면을 현미경으로 관찰하면 직모는 동그란 편에 가깝고, 파상모는 약한 타원형이며 오그라든 정도가 증가될수록 편평도가 강해진다. 직모는 모낭이 피부 표면으로부터 일직선으로 세워져 있으며 모발 단면을 현미경으로 관찰하면 둥근 모양으로 황인종에게 많이 나타난다.

파상모는 모낭이 피부 표면으로부터 비스듬히 누워 있고, 모발 단면은 타원형으로 백인종에서 많이 나타난다. 축모는 모낭이 피부 표면으로부터 굽어진 형태이며 모발 단면은 납작한 모양으로 흑인종에서 많이 볼 수 있다. 또한 모발이 직모라도 음모나 액모는 파상모 또는 축모로 나타나는 것으로 볼 때 모발은 발생 부위에 따라 형상의 차이가 있다는 것을 알 수 있다.

모발의 굵기도 인종에 따라 달라지며, 일반적으로 가는 모발의 직경이 0.05~0.07mm 정도이고, 보통은 0.08~0.09mm, 굵은 모발은 0.1~0.15mm 정도이나 동양인은 약 0.05~0.15mm 정도의 범위를 가지고 있다.

모경지수 = 모발의 단경(최소직경) / 모발의 장경(최대직경) × 100

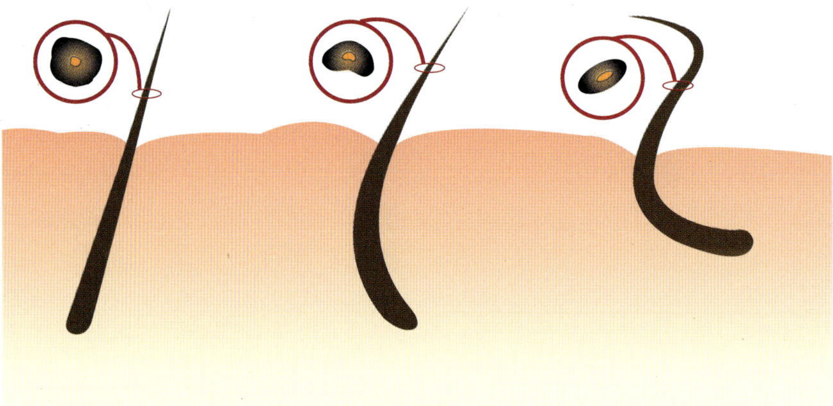

직 모　　파상모　　축 모

그림 2-2 모발의 형태

제 3 절 모발의 성장과 주기

모발은 일반적으로 하루에 약 0.4mm 자라며 한 달에 1.2~1.54cm 정도 자란다. 따라서 1년에는 14~18cm 정도 자라는 것을 알 수 있다. 모발의 성장 속도는 영양 상태, 체질, 질병, 유전, 환경 등의 요인에 의해서 달라질 수 있다.

모발의 수명은 여성이 약 4~6년, 남성이 3~5년 정도이며 하루에 50~100개 정도가 자연 탈모된다. 성인 두피에는 10만 개 정도의 모낭이 있으며 90% 정도는 성장기에 있는 모발이고 나머지 10% 정도가 퇴행기 및 휴지기에 해당된다.

(1) 성장기 (anagen stage)

① 모발이 성장하는 단계로 약 1~6년까지 지속된다.

② 모유두에 접해있는 모세혈관에서 영양을 공급받아 세포분열을 일으켜 성장하는 단계이다.

③ 머리카락의 두께, 모양, 재질을 결정하는 모낭의 기초가 형성된다.

④ 전체 모발의 80~90%가 이 단계에 속한다. 한 달에 1~1.5cm 정도 자라며, 음식물, 호르몬, 비타민 등에 의해서 변화할 수 있다.

(2) 퇴행기 (catagen stage)

① 모모세포가 털의 생산을 중단하는 시기로 모구부와 모유두가 분리되며 모낭에 둘러싸여 위쪽으로 올라가는 시기이다.

② 세포 분열이 정지되어 케라틴 성분을 만들지 않는다.

③ 모근이 점차적으로 유상돌기로부터 분리되며 약 2주 정도 계속된다.

④ 전체 머리의 1~2%가 이 단계에 속한다.

(3) 휴지기 (telogen stage)

① 성장의 마지막 단계로 더 이상의 성장이 일어나지 않는다.

② 모낭이 줄어들기 시작하고, 유상돌기로부터 완전히 떨어진다.

③ 3~5개월 정도 지속되며 14~15%가 이 단계에 속한다.

(4) 발생기 (new anagen stage)

① 모낭에 둘러싸여 있던 모구부가 모유두와 결합하여 새로운 모발을 성장시킨다.

② 휴지기에 들어간 모발을 밀어내어 자연 탈락시킨다.

③ 병, 유전, 체질, 연령 등에 의해 주기에 변화를 가져올 수도 있다.

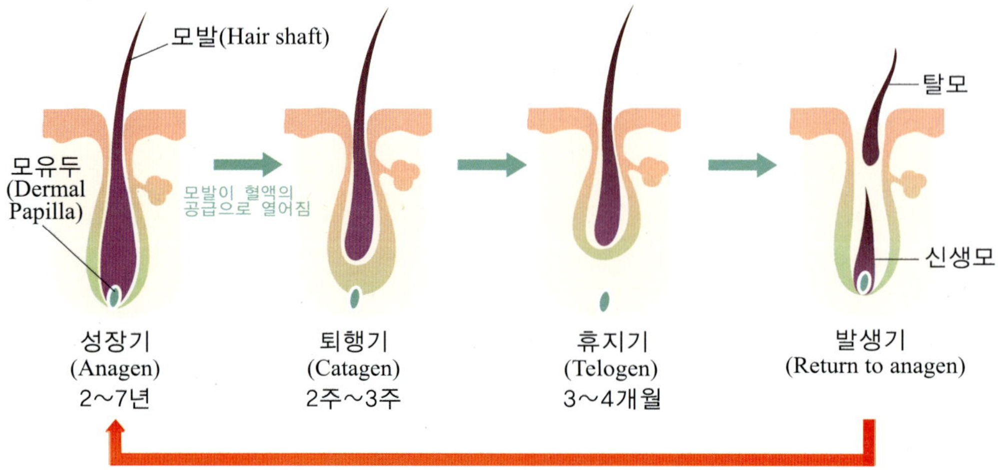

그림 2-3 모발의 성장주기

제 4 절 모발의 구조

인간의 모발은 모근부, 모간부 영역으로 나뉜다. 모근은 두피 아래 모낭 안에 위치하는 것으로 털은 모낭에서 자란 케라틴이라는 단백질 성분의 부속물이다. 모근은 모낭, 모구, 모유두, 모모세포, 내 · 외모근초, 피지선, 입모근 등으로 구성되어 있고, 모간은 모표피, 모피질, 모수질로 구성된다.

1. 모근 (hair root)

모근은 모낭으로 둘러싸여 있으며 피부조직 속에 자리 잡고 있다. 모근은 표피층에서 피하조직층까지 내려가 있으나 모구부의 활동반경에 따라 그 위치에 차이를 두고 있다. 성장기의 모근은 모구 부분이 팽창된 상태로 진피층 하부나 피하조직 윗부분까지 위치하고 있으나 퇴화기를 거쳐 휴지기로 접어들면서 모구부가 수축하여 모근의 위치가 진피층 상부로 올라온다.

(1) 모낭 (hair follicle)

모낭 외층의 표피와 내층의 진피가 연결되어 원통형을 이루면서 모근을 싸고 있는 형태로 모발이 생성 및 각화되어 피부표면으로 나오기까지 보호하며 운반하고 피부각질로 떨어져 나간다. 피지선과 한선이 연결되어 있어 분비되는 땀과 혼합되어 피부의 산성막을 형성시켜주고 피부를 보호해준다.

(2) 모구 (hair bulb)

양파모양으로 모근 밑에 둥글게 자리 잡고 있으며 모유두와 연결되어 있다. 모발과 이를 보호하는 내모근초와 외모근초가 만들어지는 중요한 곳이다.

(3) 모유두 (hair papilla)

모낭 바닥에 있는 특이한 조직으로 가운데가 오목한 모양을 하고 있다. 모세혈관과 신경이 몰려있으며 혈관으로부터 영양이나 산소를 공급받아 모발의 발생과 성장을 도와준다. 모유두가 접한 부분에 모기질(hair matrix)이 있고, 모발은 여기에서 만들어진다. 즉, 모모세포는 모유두에 들어있는 모세혈관으로부터 영양과 산소를 공급받아 분열을 반복함으로써 모발을 형성한다. 모낭형성에 매우 중요한 역할을 하며 제거 시 모낭이 모간을 생산하는 능력을 잃게 된다.

(4) 모모세포 (keratinocyte)

모발을 구성하는 세포로 모유두와 접하고 있으며 이곳에서 영양공급을 받아 왕성한 세포분열을 한다. 모간의 구조가 결정되며 모모세포의 구성은 케라틴 단백질 합성세포인 케라티노사이트와 모발색을 나타내는 멜라노사이트로 이루어져 있다.

(5) 색소세포 (melanocyte)

모모세포 분열 시 모모세포에 있는 색소세포로부터 생성되며 연한 모피질 속에 같이 함유되어 모발의 색을 결정해준다. 인종과 개인에 따라 색소입자에 따른 차이로 다양한 색을 나타나게 된다.

(6) 피지선 (sebaceous gland)

모낭벽에 붙어 있으며 피지를 분비하여 피부나 모발에 촉촉함을 부여하고 보호한다. 문제성 두피의 발생이나 남성형 또는 지루성 탈모증과 깊은 관계가 있다.

(7) 입모근 (arrector muscle)

피지선 아랫부위에 위치하며 차가움이나 공포에 의해 자율적으로 수축해서 소름을 일으키며 털을 세운다.

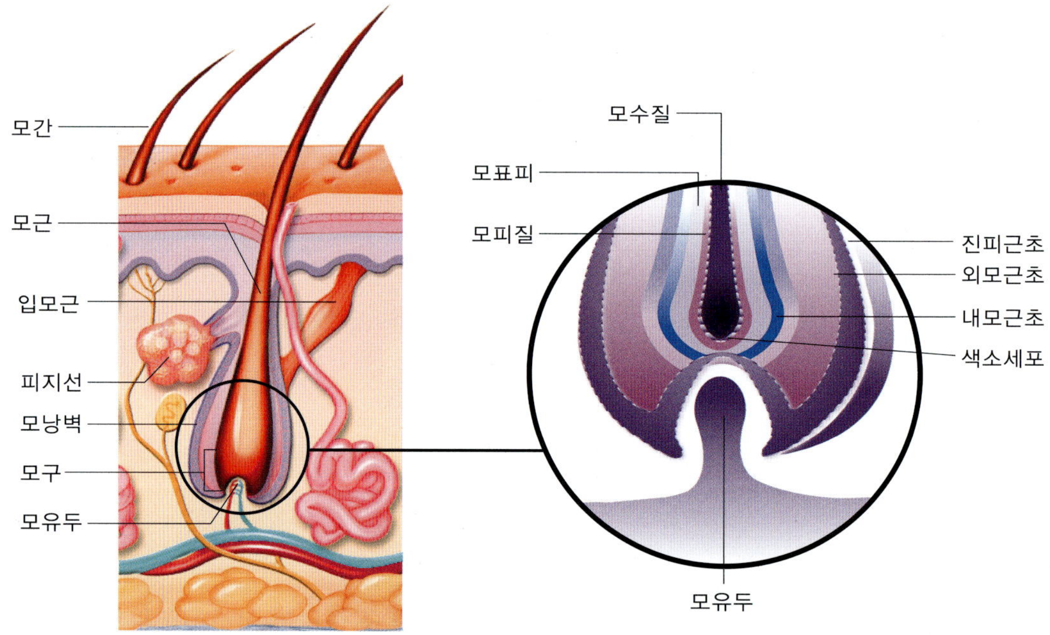

그림 2-4 모발의 구조

2. 모간(hair shaft)

(1) 모표피 (hair cuticle)

모발의 최외층으로 모발 내부를 보호하며, 딱딱하고 납작한 단백질 세포로 구성되어 있다. 화학적 저항성이 강한 층으로 반투명 막이고, 편평한 모양으로 무핵이며 생선비늘처럼 겹쳐있다(5~15층). 표피층은 팽창능력이 커서 화학성분의 흡수를 쉽게 하며 알칼리 접촉 시 팽창되어 열리고 산과 접촉 시 단단하게 폐쇄된다.

모표피가 단단할수록 규칙 배열을 가지고 있으며 겹치는 밀도의 크기에 따라 모발의 경도와 연도가 달라진다.

1) 최외표피(epicuticle)

모표피의 가장 외측으로 단백질이 견고하게 결합되어 있어 산소와 화학약품에 대한 저항이 강하며 알칼리에 강하다. 친유성의 성질을 가지고 있다.

2) 외표피(exocuticle)

단백질 용해성의 약품에 대한 저항성이 강하지만 시스테인 결합을 절단하는 약품에 약하기 때문에 퍼머제 영향을 쉽게 받는다.

3) 내표피(endocuticle)

가장 안쪽에 위치하며 알칼리성 약품에는 약하고, 친수성의 성질을 가지고 있다. 이 층의 내측 면에는 양면 접착테이프와 같은 세포막 복합체(cell membrane complex)가 인접한 표피를 밀착시키며 이곳을 통해 모피질 내의 수분이나 단백질이 녹아 나오기도 하고 외부에서 수분과 퍼머제, 염모제 등이 모피질에 침투하는 통로가 되기도 한다.

(2) 모피질 (hair cortex)

모피질은 피질세포와 간층물질(세포간 결합물질, intercellular cement)로 구성되어 있고, 모표피 안쪽에 위치하며 85~90%를 차지하고 있다.

멜라닌 입자를 함유하고 있으며 친수성의 성질을 가지고 있어서 화학약품(퍼머제, 염모제)의 작용을 쉽게 받는다.

모발이 젖어있을 때 잡아당길 경우 마른 모발보다 더 약해져서 손상이 나타난다. 섬유의 횡방향은 유연한 케라틴으로 되어 있지 않아 모발을 횡으로 절단하기 어렵고 종으로는 비교적 쉽게 갈라진다. 염색이나 퍼머넌트 등 대부분 미용의 화학적 처리가 이루어지는 곳이다.

1) 결정 영역(피질세포)

폴리펩티드(polypeptide)가 규칙적으로 배열되어 있는 섬유가 속으로 강하게 결합되어 있기 때문에 화학반응을 일으키기 어려운 영역이다. 거대섬유, 미세섬유, 원섬유, 폴리펩티드로 더 세분화된다.

① **거대섬유**(macro fibril) : 장축 방향의 섬유조직으로 조직 사이에 불규칙한 간충물질로 구성되어 있다.

② **미세섬유**(micro fibril) : 11개의 원섬유 다발이 가운데 2다발을 중심으로 원주상에 9개의 다발이 둘러있어 9+2 구조이다.

③ **원섬유**(proto fibril) : 미세섬유의 내부에 있는 섬유조직으로 3개의 실과 같은 섬유가 꼬여 있는 나선 구조이다.

2) 비결정 영역(간충물질)

약간 짧은 폴리펩티드로 된 나선상의 고분자 물질이 불규칙적이고 복잡한 상태로 배열되어 있는 영역이다. 수소결합이 약하여 유연하고 화학 반응으로 손상받기 쉬운 곳으로 피질세포 사이를 연결해주며 모발의 컬과 탄력성을 결정한다.

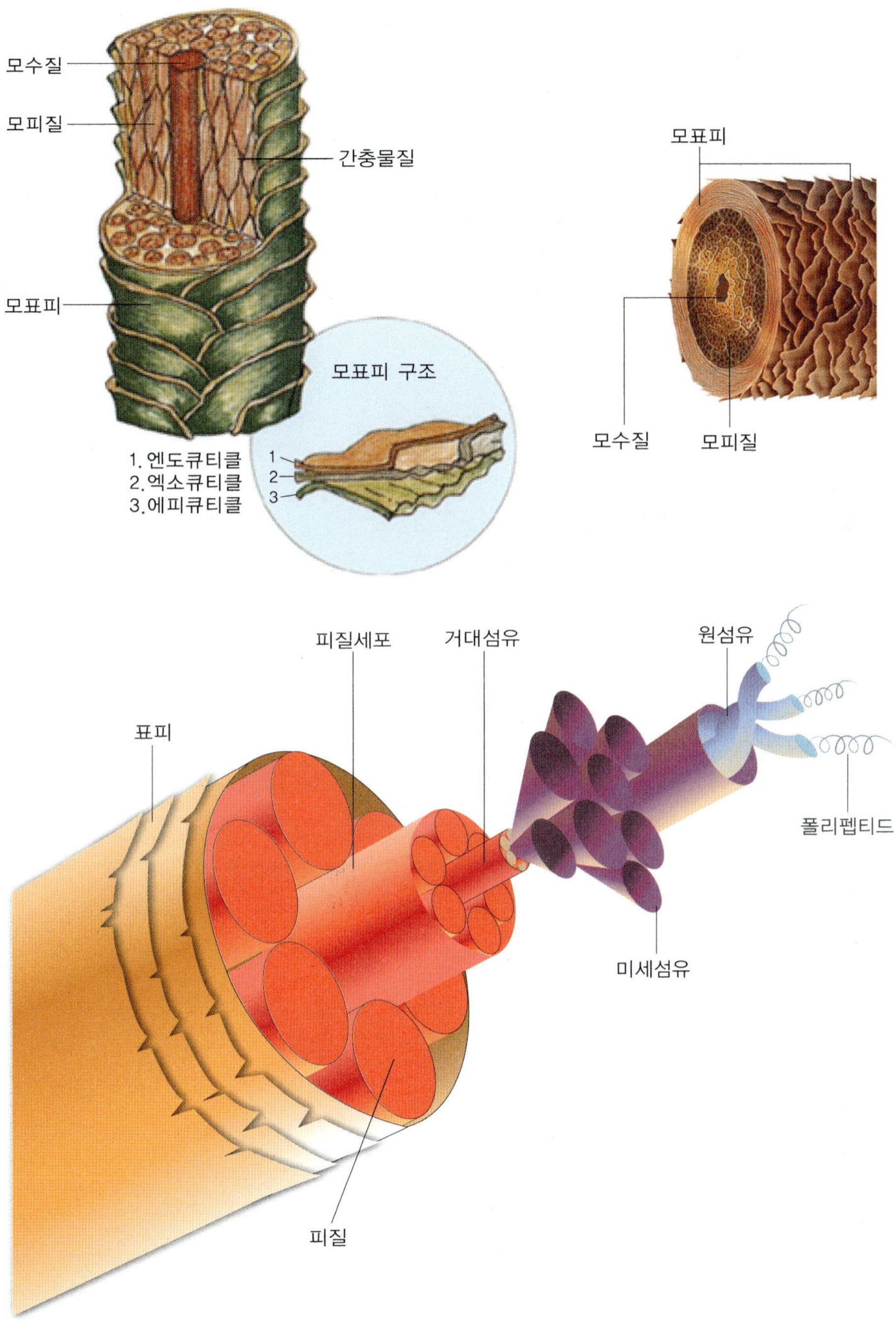
모수질
모피질
간충물질
모표피
모표피 구조
1. 엔도큐티클
2. 엑소큐티클
3. 에피큐티클
1
2
3
모표피
모수질
모피질
피질세포
거대섬유
원섬유
표피
폴리펩티드
미세섬유
피질

그림 2-5 모간부의 구조

(3) 모수질 (medulla)

모발의 중심부에 위치하여 속이 비어있는 벌집 모양의 세포로 되어 있으며 약간의 멜라닌 색소 입자를 갖고 있다. 크고 작은 공포 부분이 공기를 함유하고 있다. 실제적인 기능적 중요성을 갖고 있지 않다고 단정하기도 하지만 아직 정확하게 알려지지는 않았다.

제5절 모발의 화학적 특성

단백질 분자는 생명에서 가장 중요한 분자이며 모발은 케라틴이라는 단백질로 구성되어 있다. 이 케라틴은 약 20여 종의 아미노산이 모여서 만들어진다. 이 아미노산이 펩티드 결합이 되어 폴리펩티드가 되고 이 폴리펩티드가 연결되어 케라틴으로 된다.

모발은 탄소(C) 50~60%, 산소(O) 25~30%, 질소(N) 8~12%, 수소(H) 4~5%, 황 (S) 2~5%, 수분 8~10%, 멜라닌 색소 1~3%로 구성된다.

1. 아미노산 (amino acids)

아미노산은 단백질의 구성요소이며 각 아미노산은 탄소, 질소, 산소와 수소원자로 이루어져 있으나 황 원자는 일부 아미노산에만 포함되어 있다.

일반적인 아미노산으로는 22가지가 있는데 그 중 모발에는 18가지의 아미노산이 필요하다. 만일 18가지 아미노산이 다 갖춰지지 않는다면 그 구조는 모발이 될 수 없다. 아미노산은 사슬 같은 모양으로 결합되어 단백질을 형성한다.

모든 아미노산은 질소원자 1개와 수소원자 2개로 이루어진 1개의 아미노기(NH_2)와 탄소원자 1개와 수소원자 1개, 그리고 산소원자 2개로 구성된 1개의 카르복실기(COOH)를 갖고 있다.

이는 모든 아미노산의 기본구조는 다 동일하다는 것을 의미한다. 아미노기는 염기성 아미노산, 카르복실기는 산성 아미노산을 나타내며 알기(R Group)는 어떤 유형의 아미노산을 다른 유형의 아미노산과 다르게 만드는 역할을 한다.

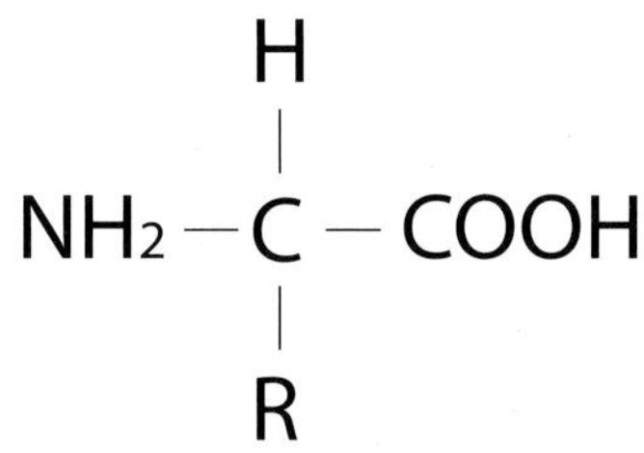

그림 2-6 아미노산의 기본구조

2. 모발의 화학결합

모발의 화학결합은 주쇄결합과 측쇄결합으로 나뉜다. 주쇄결합은 세로결합이며, 측쇄결합은 가로결합으로 시스틴결합, 염(이온)결합, 수소결합으로 나뉜다.

(1) 주쇄결합 (폴리펩티드 결합)

많은 아미노산들은 한 아미노산의 카르복실기(−COOH)와 다른 아미노산의 아미노기(−NH_2) 사이에 아미드(amide)가 형성되어 연결되어 있는데 Emil Fisher는 이 결합을 펩티드 결합이라 불렀다.

두 개의 아미노산이 펩티드로 결합되어 있는 분자를 디펩티드(dipetide)라 한다. 또한 비교적 분자량이 적으면(10,000 이하) 폴리펩티드라 하고, 분자량이 매우 많으면(10,000 이상) 단백질이라 부른다. 케라틴 분자는 약 4,000개의 폴리펩티드 결합으로 되어 있다.

(2) 측쇄결합

측쇄결합은 주로 시스틴결합, 염결합, 수소결합의 3종류가 있고, 이 밖에 소수성 결합, 펩티드 결합의 2종류와 반 데르 발스력(Van Der Waals)이라고 하는 분자간의 약한 인력을 들 수 있다.

1) 시스틴결합

두 개의 황(S) 원자 사이에서 형성되는 일종의 공유결합으로서 모발섬유의 물리적 · 화학적 성질에 대한 안정성의 정도를 높여준다. 기계적으로 상당히 견고한 결합이지만 화학적으로 반응시켜 절단시키고 다시 결합시킬 수도 있다. 퍼머넌트 웨이브는 이 화학적인 성질을 이용한 것이다.

2) 염결합(이온결합)

아미노산이 펩티드결합을 만들 때에는 카르복실기와 아미노기가 각각 1개씩 사용되기 때문에 염기성 아미노산은 아미노기가 1개, 산성 아미노산은 카르복실기가 1개 또는 여러 가지 잔기로서 남아 있다. 이와 같이 두 개의 산성과 염기성 아미노산 측쇄를 가진 폴리펩티드 주쇄가 접근하면 상호 아미노기의 +와 카르복실기의 −가 이온적으로 결합한다.

이것이 염결합으로서 pH 4.5~5.5의 범위(등전점)일 때 결합력은 최대가 되고 케라틴은 가장 안정된 좋은 상태가 된다고 볼 수 있다. 그러나 산과 알칼리 상태에 따라 pH가 등전점보다 산성측 혹은 알칼리성측으로 기울어지는 만큼 결합이 약하게 된다.

3) 수소결합

수소결합의 분자 간의 힘은 화학결합보다 훨씬 약하다. 그러나 어떤 분자들 사이에는 특별히 강한 분자 간 힘이 작용되어 결합이라는 이름으로 불린다. 수소결합이 바로 이 특별한 분자 간 상호작용을 가진다.

주쇄의 가운데 혹은 인접된 주쇄 간의 산소(O)와 수소(H) 간의 인장력에 의한 결합으로서 산소와 수소 간의 거리가 먼 경우 결합은 물에 쉽게 절단되지만 건조하면 재결합한다.

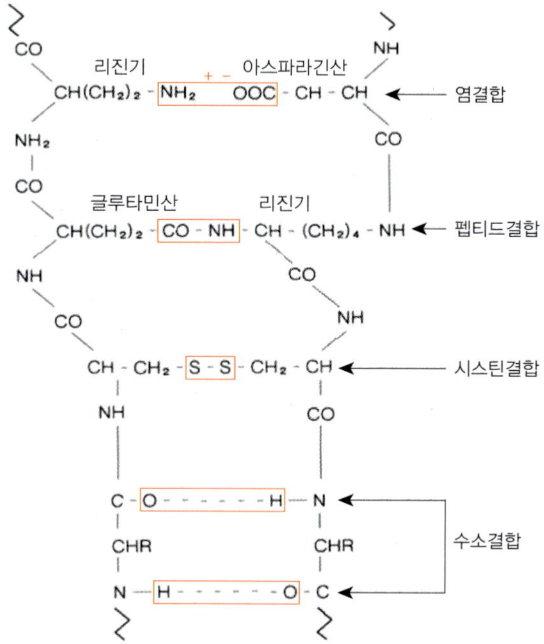

그림 2-7 모발의 결합

(3) 모발과 pH

pH라고 하는 것은 어떤 용액 중에 포함되어 있는 수소이온의 농도지수를 말하며 농도에 따라서 pH 7을 중성으로 보고 0~14까지의 지수에서 지수 7보다 낮은 쪽은 산성이고, 7보다 높은 쪽은 알칼리성으로 표시한다.

물(H_2O)은 수소(H)원자 2개와 산소(O)원자 1개가 결합한 화합물이다. 순수한 물은 수소이온(H^+)과 수산이온(OH^-)의 수가 동일할 경우 pH=7 혹은 중성이라 한다.

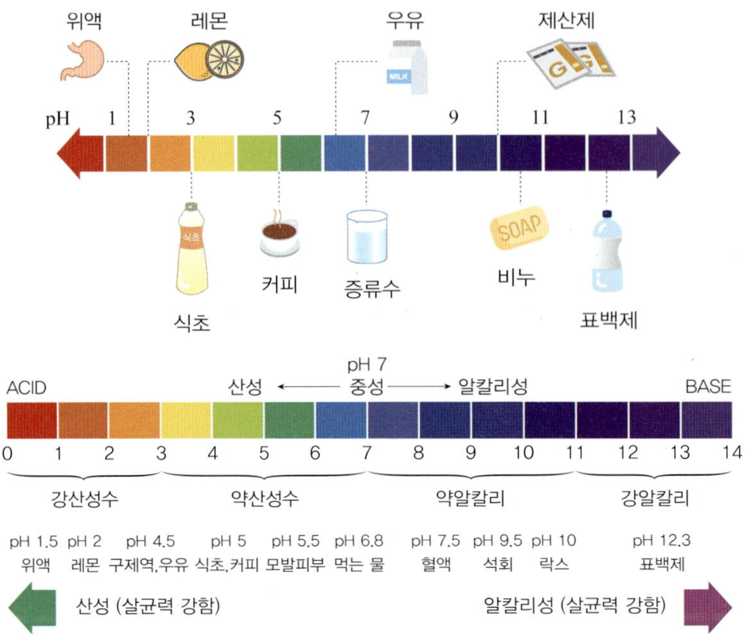

그림 2-8 모발과 pH

3. 산과 모발

모발은 화학적인 자극, 특히 산에 대해서는 비교적 강한 저항력을 지닌다. 모발의 성분인 단백질은 산과 만나면 수축하려는 성질이 있기 때문에 모발에 산을 처리하면 모표피가 닫혀 모발 내부에 산이 들어가는 것을 억제한다. 정상적인 모표피를 지닌 모발은 강산을 사용하지 않는 한 손상을 입지 않으며 모표피가 손상된 모발이라고 해도 알칼리에 의한 자극에 비교하면 훨씬 적다.

4. 알칼리와 모발

모발의 등전점은 모발이 가장 안정된 상태의 pH 4.5~5.5의 범위이다. 모발에 알칼리제를 처리하여 등전점에서 멀어질수록 아미노산의 결합이 약해져 모발도 약해진다. 특히 강한 알칼리에 의해서는 측쇄결합은 물론 단백질 자체도 분해된다.

제6절 모발의 물리적 특성

(1) 탄력성

모발은 마른 상태에서 20% 정도 늘어날 수 있다. 젖은 상태에서는 40~50%, 암모니아와 접촉 시에는 더욱 많이 늘어나게 할 수 있다. 모발의 탄력성은 열의 작용에 의해 사라진다. 그러나 늘어나는 비율이 30%를 넘지 않아야 원래의 형태로 돌아갈 수 있다.

(2) 흡수성

모발의 단백질은 친수성이므로 수분을 흡수하는 성질이 있다. 모발의 섬유질 사이에는 구멍이 있어 수분은 그 안으로 흡착된다. 건강한 모발이 수분을 흡수하게 되면 15% 정도 부풀어 오르고, 1~2% 정도 길이가 늘어난다.

손상된 모발은 다공성 정도가 심하게 되어 수분의 흡수량도 많아지게 된다. 보통 정상모발은 마른 모발에서 무게의 10% 수분을 가지고 있고, 샴푸 직후에는 30% 정도의 수분을 함유하고 있으며, 드라이 시술 시 10% 이하로 떨어진다.

(3) 견고성

모발은 모든 기계적인 요인들에 대하여 매우 견고하며 모발을 끊기 위해서는 상당한 힘이 필요하다. 모발의 파열량(=모발절단에 필요한 힘)은 나이, 인종에 따라 다양하며 화학적인 제품의 작용 후에 모발 파열량은 변화한다.

(4) 다공성

다공성은 모발의 섬유가 수분을 흡수할 수 있는 능력을 말하며 모발의 다공성이 클수록 더 많은 액체를 흡수한다. 모발은 염모제를 받아들이기 위해 어느 정도는 다공성이 있어야 하기 때문에 컬러나 펌 시술 시 마른 모발에 적용한다. 또한 모발 전체에 걸쳐 다공성이 고르지 않으면 컬러의 색조들이 고르지 않은 색상을 나타내므로 주의하여야 한다.

(5) 열변성

열에 의해 모발이 변화하는 상태로 건열과 습열에 따라 다르게 된다. 모발은 단백질이기 때문에 높은 열에 의해 색과 구조가 변한다. 열에 의해 변성을 일으키기 때문에 습도가 비교적 높은 조건에서는 비교적 낮은 온도라도 손상이 더 쉽게 된다.

건열일 경우 140℃ 정도에서 변하기 시작하여 150℃ 전후에서 시스틴의 감소를 보이면서 모발이 팽화되기 시작하고, 180℃가 되면 α-케라틴이 β-케라틴으로 변한다. 또한 200℃ 전후로 변색이 되고, 270~300℃가 되면 타서 분해가 된다.

(6) 대전성

모발을 빗질하게 되면 마찰에 의한 전기가 발생하게 되는데 이를 대전성이라 한다. 이때 모발은 +전하, 빗은 −전하를 띠기 때문에 +전하를 띤 모발들이 서로 반발하게 되어 정전기가 일어나게 된다. 정전기는 건조한 경우에 일어나기 쉬우며, 특히 겨울에는 정전기 방지제로 린스제나 트리트먼트와 같은 제품을 도포하여 주는 것이 좋다.

(7) 팽윤성

모발이 수분이나 용매를 흡수하여 흡착하면 모발의 길이 방향, 또는 직경 방향으로 크기가 늘어나는데 이 현상을 팽윤(swelling)이라고 한다. 팽윤은 어느 정도 진행되면 더 이상 진행되지 않는 유한팽윤과 제한없이 진행되어 최후에는 용액이 되어버리는 무한팽윤으로 나눌 수 있다.

모발이 팽윤하면 길이 방향은 2% , 직경은 15%로 상당히 커진다. 팽윤은 모발의 건조, 염색 등의 젖은 상태 시술과정에서 고려해야 한다.

제7절 모발의 색

모발의 색소는 피부의 색과 거의 일치한다. 멜라닌 색소는 모모세포 상부에 존재하는 색소형성세포에 의해 생성되며 아미노산의 일종인 티로신(tyrosin)으로부터 산화, 중합을 거쳐 형태가 이루어진다. 이렇게 형성된 멜라닌 과립은 타원 형태로 모발의 피질세포 내에 존재하였다가 모발의 성장과 함께 차츰 상부로 이동하게 된다.

모발의 색은 인종, 개인에 따라 흑색, 갈색, 적색, 금발, 백색 등으로 다양하게 나타난다. 모발의 색을 결정짓는 것은 모발 내의 멜라닌 색소이다. 멜라닌의 양이 많으면 검정색의 모발이 되고 그 양이 적을수록 그 색은 점점 엷어지며 아예 멜라닌 색소가 없을 경우는 백발이 된다. 멜라닌 색소는 두피를 자외선으로부터 보호하는 중요한 작용을 한다.

(1) 유멜라닌 (eu-melanin)

유멜라닌은 입자형 색소로 흑색이나 적갈색의 어두운 색을 나타낸다. 형태는 쌀 알갱이 같고 동양인이나 흑인들의 피부나 모발의 색을 결정한다.

(2) 페오멜라닌 (pheo-melanin)

페오멜라닌은 분사형 색소로 유멜라닌보다 색소의 입자가 더 세밀하고 붉은 색이나 황색을 나타낸다. 서양인의 피부나 모발색을 결정한다.

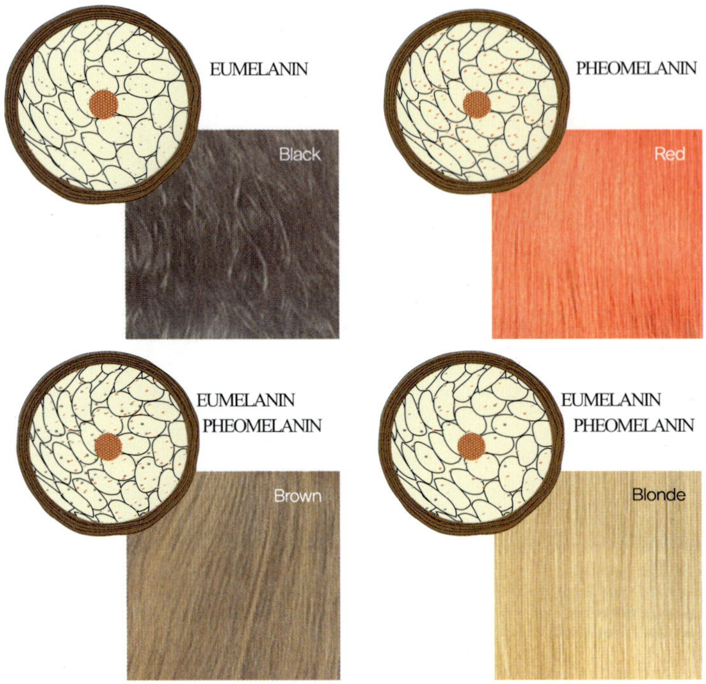

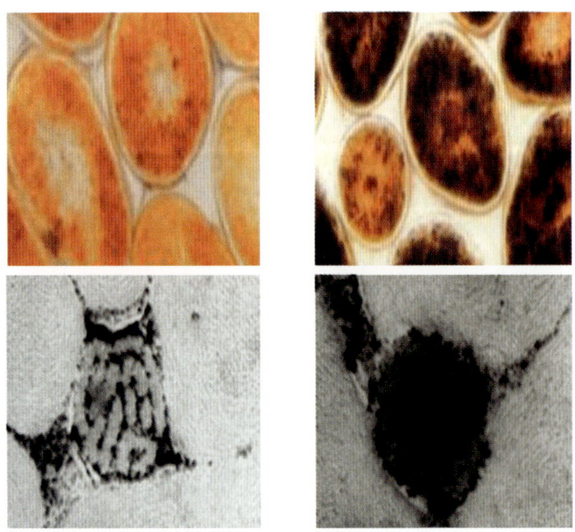

페오멜라닌　　　　유멜라닌

그림 2-9　모발과 멜라닌

Chapter 3

색채와 모발

Chapter 3

색채와 모발

제1절 색의 개념

일반적인 색의 정의는 빛에 의해 생기는 물리적인 지각현상이며, 색채란 물리적 지각현상으로서의 색이 감각기관인 눈을 통해서 지각되거나 이런 지각현상과 같은 경험효과를 말한다. 따라서 색은 눈의 망막에 의해 지각되는 물리적 현상을 말하며, 색채는 디자인에 있어서 의미나 상징성, 거리감, 질감 대비 등의 원리를 느끼게 하는 심리적 현상이다.

제2절 색의 지각

색 지각의 3요소는 광원(빛), 물체, 시각(감각기관)으로 색은 빛이 물체를 비추었을 때 생겨나는 흡수, 반사, 투과, 굴절, 분해 등의 과정을 통하여 인간의 눈을 자극함으로써 생기는 물리적 지각현상이다.

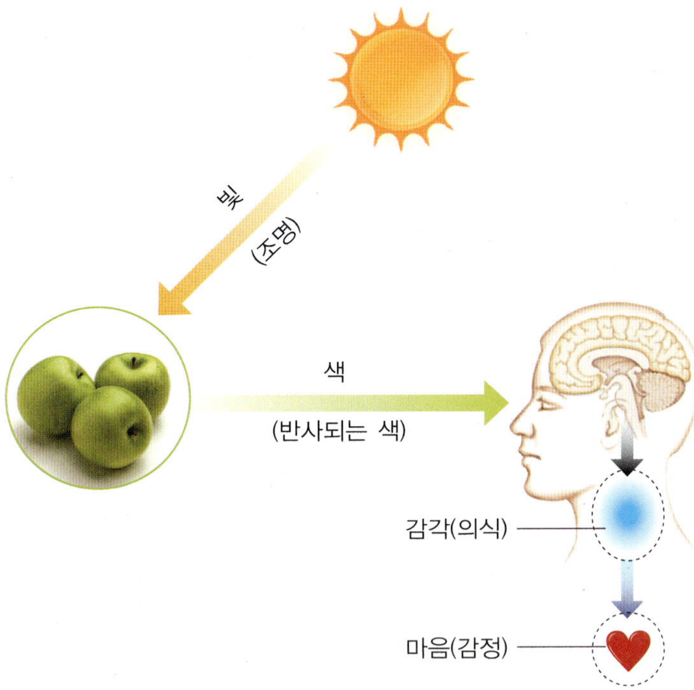

그림 3-1 인간의 색 지각

1. 광원(빛)

빛은 일종의 전자파로 사람의 눈으로 볼 수 있는 파장이 대략 380nm에서 780nm 사이인 가시광선이며, 가시광선보다 파장이 긴 빛을 적외선, 파장이 짧은 빛을 자외선이라고 한다. 이 빛을 파장 순으로 나눈 것은 스펙트럼이며 UHF, VHF, 자외선, 가시광선, 적외선, 초음파, X선 등으로 구성되어 있다.

광원은 빛을 발하는 자체로 빛은 광원에서부터 출발하여 물체에 닿는다. 빛의 일부는 흡수되고 일부는 눈에 들어와서 밝기와 색을 느낄 수 있다. 빛이 있어야만 색과 형태를 볼 수 있으며, 빛의 종류로는 태양에서 오는 빛과 백열등, 형광등과 같이 인공적으로 만든 전구의 빛이 있다.

① 햇빛 : 태양광으로부터 오는 색감이 없는 빛으로 '백색광'이라 부름.
(가장 강력한 빛)

② 백열등 : 자연의 햇빛에 가장 가까운 빛 (피부나 머리카락의 색에 가장 가까움)

③ 형광등 : 푸른 기미의 빛을 내므로 모발 색이 실제보다 창백해 보임.
(살롱에 부적합)

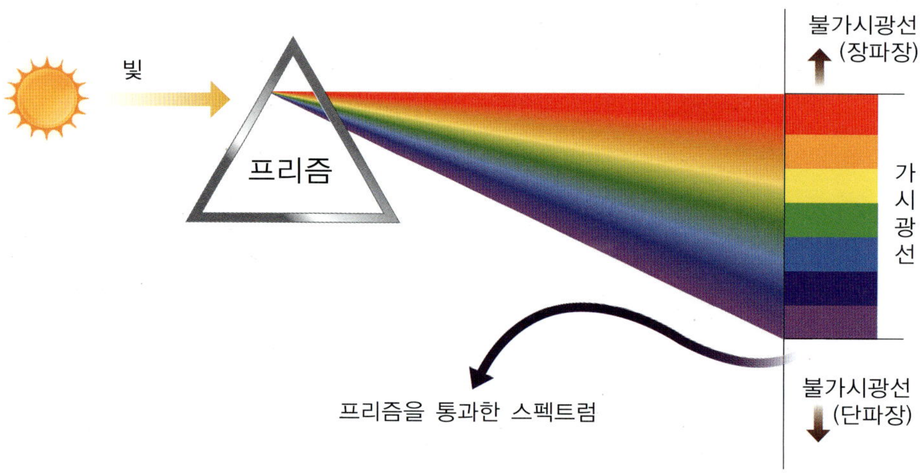

그림 3-2 광선의 종류

2. 물 체

물체는 자신에게 적합한 색의 파장을 흡수하고 반대의 색을 반사한다. 노란색의 공을 노란색으로 지각하게 되는 것은 투사된 빛이 공에 닿을 때 다른 파장은 흡수하고 노란색 파장만 반사되는데, 이 반사된 빛의 자극을 인지하기 때문에 노란색으로 보이는 것이다.

3. 시 각(감각기관)

시각은 빛을 받아서 반사된 물체의 색을 지각하는 것이며 인간의 수용기로써 빛을 뇌에 전달시키는 첫 과정이 된다. 인간의 눈은 380~780nm의 스펙트럼 광을 느낄 수 있으므로 이 범위의 파장에 따라 느끼는 색이 다르다.

제3절 색의 분류

색은 무채색과 유채색으로 분류한다. 무채색은 흰색(white), 회색(gray), 검정색(black) 등과 같이 밝고 어두움을 갖는 색으로 색상이나 채도는 없고 명도의 차이만을 가진 색이다. 유채색은 무채색을 제외한 모든 색으로 색상, 명도, 채도를 포함한 색이다.

즉, 빨강(red), 노랑(yellow), 파랑(blule)의 원색과 이 색이 혼합된 색, 그리고 인간이 볼 수 있는 가시광선 범위의 색도 모두 유채색이다. 유채색의 종류는 약 750만 종에 달하며 그 중에서 인간이 지각할 수 있는 색은 200여 종이다.

1. 1차색 (primary colors) : 원색, 기본색

어떤 색을 섞어도 만들 수 없는 색으로 빨강(red), 노랑(yellow), 파랑(blue)의 세 가지 색이다. 1차색으로 다른 색을 만들 수 있으나 만들어진 색은 점차적으로 검정에 가까운 회색, 갈색으로 변한다.

2. 2차색 (secondary colors)

1차색의 혼합에 의해 나타나는 색으로 색상환의 1차 삼원색 사이에 위치한다. 따뜻한 계열의 색상은 빨강, 노랑, 주황이며 차가운 계열의 색상은 녹색, 파랑, 보라이다.

보색은 서로 상반되는 위치에 있는 색이며 다른 색의 두 빛깔이 섞여 흰색이나 검정이 될 때 이 두 빛깔을 서로 이르는 말이다. 보색은 색상환에서 서로 마주보는 위치에 놓인 색을 의미하는 것으로 색상 거리가 가장 멀고 차이도 가장 크다.

보색끼리 혼합하면 가장 강한 대비를 이루므로 강렬한 인상과 화려한 느낌을 표현할 수 있다. 이것은 눈망막상의 색신경이 어떤 색에 의해 자극을 받으면 그 색의 보색에 대한 감수성이 높아지기 때문이다.

3. 3차색 (teritary colors)

1차색 한 가지와 2차색 한 가지를 혼합하여 나온 색을 말한다.

4. 보색중화

색상환에서 서로 대응하는 위치의 색, 마주보는 위치에 놓인 색을 보색관계라고 나타낸다. 색상 대비 중 서로 보색이 되는 색들끼리 배치하면 색상이 더 뚜렷해지면서 선명하게 나타난다.

보색 중화란 염색 시 사용하는 용어로 보색을 이용하여 갈색을 만드는 것을 말하며 모발 염색에서 원하지 않는 색상을 중화시킬 때 이를 활용한다.

예를 들어 붉은 반사빛을 가진 모발의 고객인 경우 붉은 빛을 감소시키고자 할 때 붉은 색의 보색인 청록, 녹빛을 사용하여 붉은 반사빛을 중화 시킬 수 있다.

붉은 계통의 색상 제거 시 : 녹색
노란 계통의 색상 제거 시 : 보라
주황 계통의 색상 제거 시 : 파랑

붉은 계통의 색상 제거 시 녹색 계열의 색상이 없을 경우, 파랑 계열의 색을 사용
갈색 = 파랑+노랑+빨강
기본색 혼합 = 2차색 + 보색 = 중화색

제 4 절 색의 삼속성

색을 인지하는 인간의 지각구조는 학자마다 부르는 용어와 의미가 조금씩 다르나 기본적으로 색상, 명도, 채도로 색의 삼속성을 크게 분류한다. 이는 모든 색을 구별하기 위하여 색상, 명도, 채도로 분류한 것으로 색채학자 그라스만(Grassmann)이 처음으로 이 삼속성 개념을 도입하였다.

색상(hue)은 빛의 파장자체를 나타내는 것이고, 명도(value)는 밝고 어두운 정도를 나타내는 것이며, 채도(chroma)는 색 파장의 순수한 정도를 나타내는 말이다.

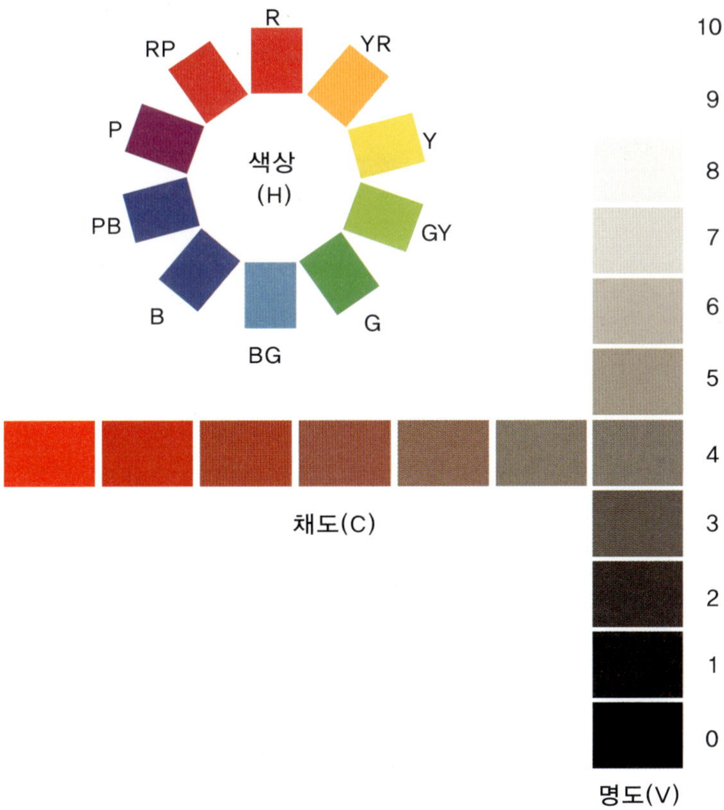

그림 3-3 색의 삼속성

1. 색 상(Hue)

색상은 태양의 광선을 분광해서 나누었을 때 보이는 여러 색의 종류로 색이 가지는 성질을 말한다. 즉 색을 구별하기 위한 색의 명칭으로 스펙트럼에서 볼 수 있는 빨강, 주황, 노랑, 녹색, 파랑, 남색, 보라 등과 같이 색 기미를 말하는 것으로서 기호는 H로 표시된다. 사람은 약 100색상을 구별할 수 있으며, 한국산업규격은 먼셀색표계에 기본을 두고 10색상을 지정하였고, 교육부는 먼셀의 표준 20색상환을 사용하고 있다.

색상환은 색상에 따라 계통적으로 색을 둥글게 배열한 것이다. 색의 성질이 비슷한 색을 순서대로 배열해 보면 빨강(Red, R), 주황(Yellow Orange, YO), 노랑(Yellow, Y), 연두(Green Yellow, GY), 녹색(Green, G), 청록(Blue Green, BG), 파랑(Blue, B), 남색(Purple Blue, PB), 보라(Purple, P), 자주(Red Purple, RP)가 되어 다시 빨강으로 돌아온다. 색상환에서 가까이 인접한 색을 유사색이라 하고 거리가 비교적 멀리 배치되어 있는 색을 대조색, 가장 멀리 정반대 쪽에 위치한 색을 보색이라 한다.

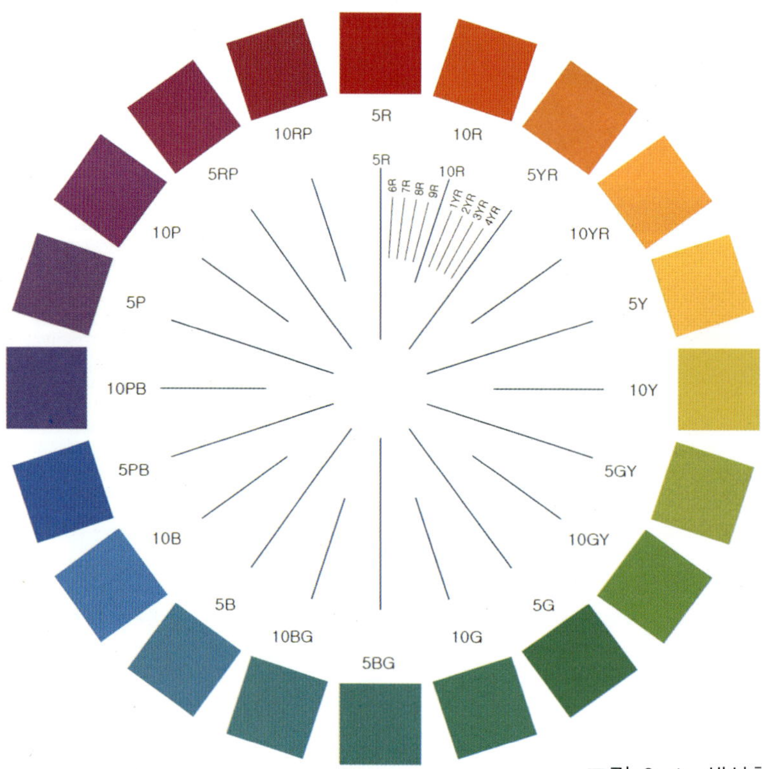

그림 3-4 색상환

2. 명 도(Value)

명도는 색의 밝고 어두운 정도로 유채색과 무채색에 모두 있으며 V로 표시한다. 이는 빛이 물체에 닿아 반사와 흡수되는 양에 따라 결정되는데 빛을 모두 흡수하면 검정색, 모두 반사하면 흰색으로 지각하게 된다. 명도는 빛의 분광률에 따라서 다르게 나타나며 빛의 특성상 완전한 흰색과 검정은 존재하지 않는다. 명도는 색의 3속성 중에서 우리 인간에게 가장 민감하게 반응하며 약 200단계 정도의 명도 구분을 할 수 있고, 같은 색상이라도 명도에 따라 느낌이 완전히 달라진다.

그레이 스케일(gray scale)은 검은색과 흰색을 아래위에 놓고 감각적 척도에 따라 균일한 단계로 명도의 단계를 나타낸 것으로 명도의 기준 척도로 사용된다. 우리나라는 검은색을 '0'으로 흰색을 '10'으로 두고 11단계로 나누어 사용하나 실제의 색입체에서는 순수한 검정과 백색광의 흰색은 없다.

그러므로 검정 대신 가장 어두운 회색을 1로, 가장 밝은 흰색에 가까운 9.5를 흰색 대신 사용한다. 그레이 스케일은 색의 표준은 물론 사진, 인쇄, TV 등에서 이용되고 있으며, 모발 염색 시에도 명도를 1~10단계로 나누어 사용한다. 일반적으로 밝은 색은 고명도, 어두운 색은 저명도, 중간쯤 밝은 색은 중명도라 한다.

그림 3-5 그레이 스케일(gray scale)

고명도 : 명도가 높은 색을 말한다. 흰색에 가까울수록 고명도이다.
저명도 : 명도가 낮은 색을 말한다. 검정색에 가까울수록 저명도이다.
중명도 : 고명도와 저명도의 중간 단계를 말한다.

3. 채 도(Chroma)

채도는 색의 맑고 탁한 것을 구별하여 나타내는 것으로 C로 표시한다. 이는 선명도로 색이 가지고 있는 기운의 강도를 말한다. 여러 가지 색 파장이 혼합되어 물체의 표면에서 흡수되거나 반사되는 양에 강하게도 약하게도 느껴지는 것으로 특정한 색 파장이 얼마나 순수하게 반사되는가의 정도를 나타낸다.

어떤 색상에 무채색 포함량이 많을수록 채도가 낮아지고, 포함량이 적을수록 채도가 높아진다. 명도는 순색에 백색이나 흑색을 섞으면 어두워지거나 밝게 변하지만 채도는 백과 흑에 관계없이 섞을수록 점점 흐려진다. 이와 같이 색의 순도, 포화상태 강약을 나타내는 성질을 채도, 또는 포화도(saturation)라고 한다. 그러므로 채도가 가장 높은 색을 청색(clear color)이라 한다. 즉, 색의 맑고 탁한 정도나 색의 강약이라고 할 수 있다. 순색에 무채색을 많이 섞을수록 채도가 낮아지며 적게 섞을수록 채도가 높아진다. 유채색끼리도 많이 섞을수록 채도가 낮아진다. 사람은 약 20~30단계 정도의 채도를 구분할 수 있다.

4. 색 입체

색 입체는 색의 3속성을 동시에 3차원의 입체로 나타낸 것으로 색상, 명도, 채도를 색상은 원, 명도는 직선, 채도는 방사선으로 3차원 공간 속에 계통적으로 배열한 것이다.

명도는 무채색 축으로 위로 갈수록 고명도가 되고, 아래로 내려갈수록 저명도가 된다. 채도는 무채색 축을 중심으로 들어가면 저채도, 바깥으로 나오면 고채도가 된다. 먼셀의 색입체는 각 색상의 채도가 다르기 때문에 형태가 나무형으로 되어 있어서 색채의 나무라고 한다.

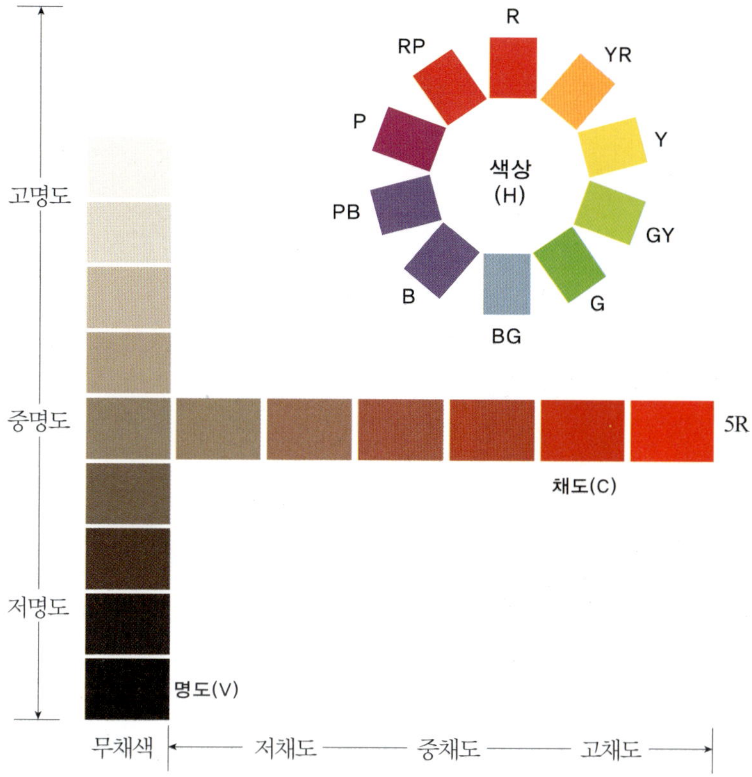

그림 3-6 색 입체

제5절 색의 혼합

색의 혼합은 두 개 이상의 색을 혼합하는 것을 말한다. 이것은 색료의 혼합뿐 아니라 비의 혼합도 포함되며, 이를 통해 다른 색채 감각을 일으키게 된다. 혼합을 위해서는 다른 색을 혼합해서는 만들 수 없는 기초색인 원색을 필요로 하며 이것을 1차색이라고 한다.

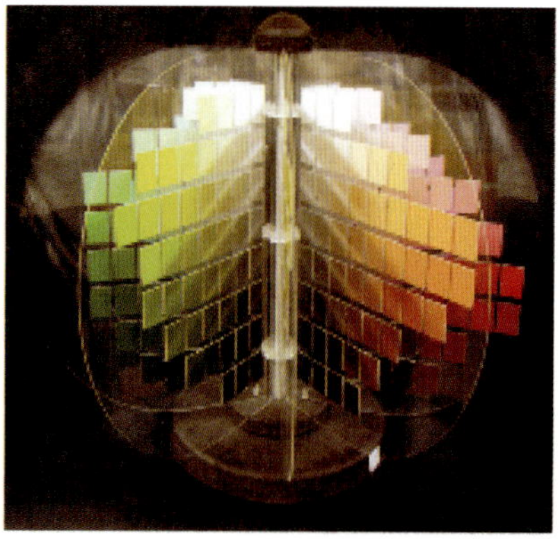

또한 1차색의 혼합에 의해 만들어진 색을 2차색, 1차색과 2차색의 혼합에 의해 만들어진 색을 3차색이라고 한다.

색채혼합의 원리란 특정한 목적을 위하여 색을 혼합하는 것이다. 밝기를 기준으로 삼아 가산혼합, 감산혼합, 중간혼합으로 나누며 모발염색 중 반영구염모제는 감산혼합에 해당된다.

(1) 가산혼합 (Additive color system)

가산혼합은 빛의 혼합으로 가법혼합, 색광혼합이라고도 한다. 가법혼합의 특징은 색을 섞을수록 점점 밝아진다는 점인데, 이는 각 색광의 에너지가 가산되기 때문이다. 빛의 3원색인 빨강(red), 녹색(green), 파랑(blue)을 모두 합치면 백색광이 되는데 이는 눈에 들어오는 빛의 양이 혼합에 의해 증가하기 때문에 명도가 높아지는 것이다. 빨강, 녹색, 파랑을 섞으면 노랑, 시안, 마젠타를 얻을 수 있는데 이것은 감산혼합의 3원색이 된다.

(2) 감산혼합 (subtractive color system)

감산혼합은 물감의 혼합으로 감법혼합이라고도 한다. 특징은 색을 섞을수록 점점 탁하고 어두워진다. 색을 혼합하면 할수록 순색의 강도가 약해져 원래의 색보다 명도가 낮아지기 때문이다. 즉, 채도와 명도가 낮아지므로 감산혼합이라고 한다.

색채혼합에 있어 빨강, 노랑, 파랑을 색의 3원색이라고 불러왔으며 원색으로 널리 사용되고 있다. 이 색들은 같은 양으로 합치면 이론적으로는 검정이 되나 실제로는 검정에 가까운 짙은 회색이 된다. 감법혼합의 2차색은 가법혼합의 1차색과 같다.

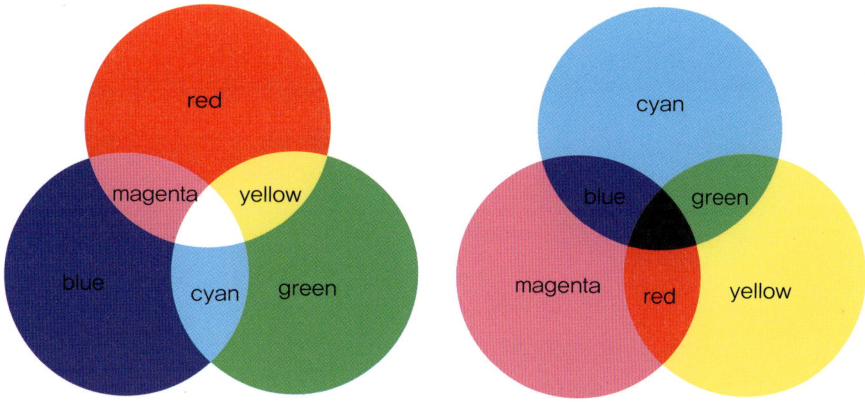

그림 3-7 가산혼합과 감산혼합

(3) 중간혼합

중간혼합은 감산혼합이나 가산혼합처럼 직접적인 혼합이 아니라 주변의 환경요인에 따라 실제로 혼합되어 보이는 착시적 혼합이다. 이러한 혼합은 그 결과가 평균적인 밝기 내에서 만들어진다.

1) 회전혼합

회전 원판에 두 개 이상의 색을 붙인 후 회전시키면 두 색이 혼합되어 보이는 현상을 말한다. 회전혼합은 색료에 의해 혼합되는 것이 아니기 때문에 색은 명도와 채도가 색과 색 사이의 중간색 정도로 보인다.

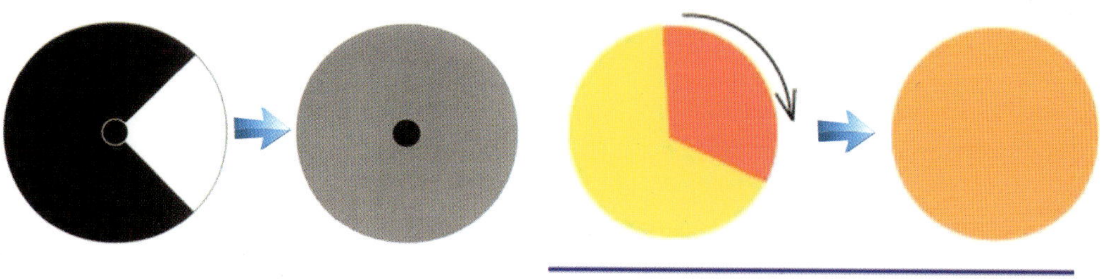

그림 3-8 회전혼합

2) 병치혼합

병치혼합은 직물 제조에서 많이 볼 수 있다. 여러 가지 색이 조밀하게 분포되어 있을 경우 멀리서 보면 각각의 색이 주위 색들과 혼합되어 한 가지 색으로 보이게 되는 현상을 말한다. 텔레비전이나 컬러 모니터, 직물, 점묘화 등에서 찾아볼 수 있다.

이 혼합은 중간혼합으로써 명도와 채도가 평균값으로 지각되며 채도가 떨어지지 않고 중간색을 얻을 수 있다. 이러한 혼합의 원리를 이용한 효과를 '베졸트 효과'라고 한다.

그림 3-9 병치혼합

제 6 절 색의 대비

색의 대비는 인접한 색이나 배경색의 영향 혹은 먼저 보았던 색이 영향을 미쳐 원래 색과 다르게 느끼게 되는 현상을 말한다. 즉 두 개 이상의 색을 비교하여 차이를 느끼게 할 경우 해당하는 비교법이며 두 색의 차이를 확실하게 하기 위하여 사용된다.

어떠한 색을 일정 시간 보게 되면 그 색이 기억된다. 그 상태에서 시선을 다른 대상으로 이동하면 기억된 색의 영향을 받아 기존의 색이 다르게 보이는 현상이며 의복, 헤어컬러링, 메이크업 등은 인접한 색의 영향을 받아 원래의 색과 다르게 보인다.

시간을 두고 전후로 나타나는 시각현상을 계시대비라고 하고, 직접 색과 색이 접한 경우에 생기는 대비를 동시대비라고 한다.

(1) 계시대비

시간의 차이를 두고 비교하는 것을 말한다.

그림 3-10 계시대비

(2) 동시대비

색이 서로 상대방에게 잔상에 영향을 주어 색채가 변하여 보이는 현상을 말한다.

1) 명도대비

명도대비는 명도가 다른 두 색이 서로의 영향에 의해서 명도 차가 더 크게 일어나는 현상을 말하며, 조합한 색의 명도 차가 클수록 명도대비는 크게 나타난다.

흰색과 검정은 정반대의 명도를 가지고 있으므로 양극적 효과를 가장 잘 나타내는 예이다. 즉 같은 명도의 색이 배경에 의해 다른 명도로 보이는 현상을 말하며 배경과 반대의 명도로 달라져 보인다.

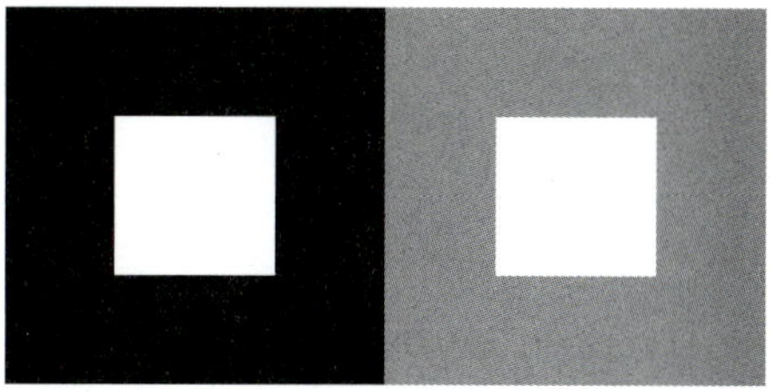

그림 3-11 명도대비

명도대비는 무채색뿐만 아니라 유채색에서도 일어나게 된다. 동일한 색일지라도 배경색이 밝으면 명도가 낮게 보이며 배경색이 어두우면 명도가 높게 보인다. 이 때문에 검은 배경의 회색은 밝고 흰색을 배경으로 한 회색은 어둡게 보인다. 주위 색과 명도차가 큰 정도에 따라 그 변화는 더 현저하게 나타난다.

2) 색상대비

색상대비란 색상이 다른 두 색을 동시에 인접시켜 놓았을 경우 두 색이 서로의 영향으로 인하여 색상 차가 크게 나는 현상이다. 즉 같은 색상임에도 배경에 의해 다른 색상으로 보이는 현상을 말한다.

보색관계의 색은 서로의 영향으로 본래의 색보다 채도가 높아 보이며 보색끼리 조합했을 때 대비 효과가 크다. 빨강색을 배경으로 한 주황색은 연한 황색을 띤 주황색으로 보이고 노란색을 배경으로 한 주황색는 적색을 띤 주황색으로 보인다. 이것은 시각이 배경 보색의 색에 끌어당겨져서 본래의 색과 다르게 보이기 때문이다.

그림 3-12 색상대비

3) 채도대비

채도대비는 채도가 서로 다른 두 색이 서로의 영향에 의해서 채도 차가 더욱 크게 일어나는 현상을 말한다. 즉, 어떤 색의 주위에 그것보다 선명한 색이 있으면 그 색의 채도는 원래 가지고 있는 채도보다 낮게 보이는 현상으로 채도의 차가 클수록 채도대비의 효과는 크게 나타난다.

무채색 배경의 경우는 채도가 높아 보이고, 그림색이 바탕색과 같은 색상인 경우 채도가 더 낮아 보인다. 중심은 같은 파랑이지만 선명한 파랑을 배경으로 하면 칙칙하게 보이고 그 반대로는 선명하게 보인다.

그림 3-13 채도대비

4) 보색대비

보색대비는 색상 차가 가장 많이 나는 보색끼리 대비되었을 때 서로의 색이 더욱 뚜렷해 보이는 현상을 말한다. 보색은 색상환 정반대축에 위치하고 있는 색으로 보색끼리 색상을 대비시키면 채도를 높아보이게 하는 작용을 한다. 두 색은 서로 영향을 받아 본래의 색보다 채도가 높아지고 선명해지며 서로 상대방의 색을 강하게 드러내 보인다.

정반대 색상끼리는 서로 돋보이게 하는 효과가 있는 반면 헤어 컬러에서의 보색은 원하는 컬러로 체인지를 할 때 원래의 색을 억눌러 중화하는 중요한 역할을 한다.

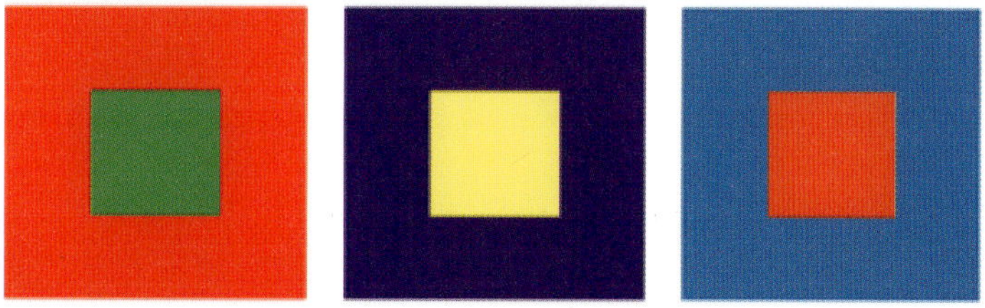

그림 3-14 보색대비

5) 한난대비

한난대비는 차가운 색과 따뜻한 색이 대비되었을 때 서로에게 영향을 주어 더욱 따뜻하거나 차갑게 느껴지는 현상이다. 즉, 색의 온도감이 더욱 강조되어 느끼는 것을 말한다.

이는 온도의 감각과 시각의 영역에 속한 색채 감각을 동일시 하는 것으로 따뜻한 색은 차가운 색과 함께 있을 때 더욱 따뜻하게 느껴지고, 차가운 색채도 따뜻한 색과 함께 있을 때 더욱 차갑게 느껴지는 현상이다.

그림 3-15 한난대비

6) 면적대비

면적대비란 같은 색이라도 색이 차지하고 있는 면적에 따라 색이 다르게 보이는 현상을 말한다. 즉, 면적이 크고 작음, 많고 적음에 따라 색의 명도와 채도가 다르게 보이는 것을 말한다.

큰 면적에 적용된 색이 실제보다 명도나 채도가 증가된 것으로 지각되어 보이고, 좁은 면적에 적용된 색이 실제보다 명도나 채도가 감소된 것으로 지각되어 보인다. 대체로 큰 면적은 작은 면적보다 명도와 채도가 높아져서 밝고 맑게 보이며 화려하고 산뜻한 느낌을 주게 된다.

그림 3-16 면적대비

7) 연변대비

인접하는 두 색의 차이가 본래의 상태보다 강조된 상태로 지각되는 현상을 말한다. 특히 두 색이 접한 부분의 차이가 크다.

그림 3-17 연변대비

제 7 절 색과 감정

감정을 움직이는 데는 형태보다 색이 강한 작용을 한다. 밝고 선명한 색은 원기가 왕성하고 활발한 운동감이 있으며 푸른색, 녹색 계통은 마음을 진정시키는 효과가 있고, 푸른색은 흥분된 환자, 붉은색은 우울증 환자를 치료하는 색채치료요법에 쓰인다.

(1) 색의 운동감

모양이나 크기가 같은 도형이라도 색에 따라 앞으로 튀어나와 보이기도 하고 뒤로 물러나 보이기도 한다. 가까이 있는 것처럼 앞으로 나와 보이는 색을 진출색이라 하며 진출색의 조건은 고명도, 고채도, 난색, 유채색이다. 뒤에 있는 것처럼 물러나 보이는 색을 후퇴색이라 하며 후퇴색의 조건은 저명도, 저채도, 한색, 무채색이다.

그림 3-18 색의 운동감

(2) 색의 면적감

모양과 크기가 같은 도형이라도 색에 따라 크게 보이기도 하고 작게 보이기도 한다. 실제의 면적보다 크게 보이는 색이 팽창색이며 팽창색의 조건은 난색, 고명도의 색이다. 실제의 면적보다 작게 보이는 색은 수축색이며 수축색의 조건은 한색, 저명도의 색이다.

그림 3-19 색의 면적감

(3) 색의 온도감

온도감은 자연에서 받는 느낌과 일치한다. 햇빛의 연상은 따뜻한 느낌을 주고 이 느낌은 노랑, 주황, 빨강과 같이 난색으로 표현된다. 반면 얼음이나 물의 연상은 차가운 느낌을 주고 이 느낌은 파랑, 청록과 같이 한색으로 표현된다.

빨간색이나 노란색 계열의 색과 같이 따뜻해 보이는 색을 난색, 파란색 계열처럼 차가워 보이는 색을 한색이라고 한다. 또 녹색 계열의 색처럼 따뜻하거나 차가운 느낌이 나지 않는 색은 중간색이라고 한다.

일반적으로 난색은 적극적이고 감성적인 느낌, 한색은 안정감 있고 진정된 느낌을 주며 중간색은 난색과 한색의 중간 정도 느낌을 준다. 이는 상대적인 온도감으로 나타나는데 동일한 보라색이라도 빨간색과 함께 있으면 따뜻하게 느껴지고, 파란색과 함께 있으면 차갑게 느껴진다.

그림 3-20 색의 온도감

표 3-1 색상 · 명도에 따른 온도감

색 명	온도감	자극 작용
R	따뜻하다	자극적
YR	따뜻하다	자극적
Y	약간 따뜻하다	약간 자극적
YG	중 성	안정됨
G	중 성	안정됨
BG	약간 차다	약간 가라앉은 느낌
B	차 다	가라앉은 느낌
BP	약간 차다	약간 가라앉은 느낌
P	중 성	안정됨
RP	약간 따뜻하다	약간 자극적

(4) 색의 중량감

색의 중량감은 색상보다는 명도의 차이에 따라 크게 좌우된다. 명도가 낮으면 무겁게 느껴지고 안정감을 주며 높으면 가볍게 느껴진다. 중량감은 자동차, 의상, 가구, 상품의 포장에 많이 응용된다.

예를 들면 자동차 색상을 검정색으로 하여 권위가 느껴지도록 하거나 작업장에서 무거운 도구를 고명도의 색으로 도장하여 가볍게 느껴지도록 하여 피로도를 낮출 수 있다.

그림 3-21 색의 중량감

(5) 색의 경연감

색을 볼 때 시각적으로 딱딱하거나 부드럽게 느껴지는 효과를 색의 경연감이라고 한다. 경연감은 명도와 채도에 영향을 받는다. 명도가 높고 채도가 낮으며 난색인 경우는 부드러운 느낌을 주고 중명도 이하로 명도가 낮고 채도가 높으며 한색인 경우에는 딱딱한 느낌을 준다.

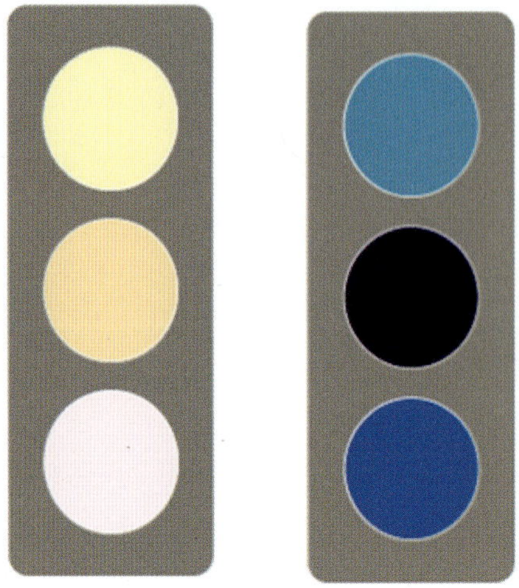

그림 3-22 색의 경연감

(6) 색의 명시성

멀리서 보았을 때 눈에 잘 띄는 정도를 명시성이라 한다. 다시 말해 두 가지 이상의 색, 선, 모양을 대비시켰을 때 금방 눈에 띄는 성질을 말한다. 명시성이 큰 색이 홍보가 빨리 되고 인지도가 높다. 색 고유의 특성보다는 배경색과의 관계로 결정되며 교통표지판, 포스트, 광고물 등에 많이 이용한다.

배경색이 검은색일 때는 노란색, 주황색, 흰색이 명시성이 높고, 어두운 자주색, 파란색 등은 명시성이 낮다. 흰색 배경일 때에는 반대가 된다. 명시성을 높이는 조건은 명도차를 크게 하는 것이다.

check point

명시성이 높은 순서

흰색배경 위 : 녹색>빨강>파랑>보라>주황>노랑
회색배경 위 : 노랑>주황>빨강>녹색>파랑>보라
검정배경 위 : 노랑>주황>녹색>파랑>빨강>보라

(7) 색의 주목성

시선을 끌고 이목을 집중시키는 것을 주목성이라고 한다. 색의 형태와 면적, 연상 작용, 색의 삼속성 등에 따라 달라지는데 고명도, 고채도, 난색이 명시성이 높다. 일반적으로 명시성이 높은 색은 주목성이 높다. 빨간색은 주목성이 높기 때문에 위험과 금지를 알리는 표지판에 많이 사용된다.

그림 3-23 색의 주목성

제 8 절 색의 연상과 상징

색을 보았을 때 특정한 인상을 기억하거나 해당색과 관련 있는 사물이 생각나는 것으로 생활양식, 문화, 지역, 환경, 계절, 성별, 연령 등에 따라 큰 차이가 난다. 예를 들면 국기의 상징색, 신분계급의 구분, 방위의 표시, 지역의 구분, 기업의 상징색, 학문의 구분 등으로 나타낼 수 있다.

(1) 흰색 (White)

모든 색 가운데 가장 명도가 높은 색, 다른 색을 받쳐주는 보조색으로 활용되며 질리지 않는다. 순백의 이미지로 쓰일 때는 주조색이 쓰일 수 있다.

긍정 : 순수, 순결, 청결, 맑음, 정직, 신뢰, 신성, 평화, 단순, 세련, 우아
부정 : 단조로움, 두려움, 무기력

(2) 빨강 (Red)

감정을 강렬하게 자극하는 색이다. 파장이 가장 긴 색상으로 가장 잘 보이며 빠른 시간 내 감각신경을 자극한다. 감정에 빠르고 즉각적인 영향을 주며 불안과 긴장을 상승시키는 색이다.

긍정 : 정열, 감동, 용기, 힘, 생명력, 에너지, 사랑, 따뜻함, 분노, 개방적, 사교적
부정 : 흥분, 공격, 공포심, 위험, 욕정, 충동적

(3) 주황 (Orange)

발랄하고 적극적인 색이다. 커뮤니티 문화가 저변에 확산된 시대적 색상으로 인터넷 문화의 확산과 함께 컬러마케팅에 많이 활용된다.

긍정 : 활기, 건강, 창조성, 능력, 즐거움, 화려함, 사교적, 톡톡 튐
부정 : 불안

(4) 노랑 (Yellow)

주의 및 경각심을 불러일으키는 대표색상으로 빠르고 직관적인 통찰력과 집중을 불러일으킨다. 경고의 상징으로 쓰이고 있다.

긍정 : 기쁨, 애교, 경쾌함, 귀여움, 이해심, 지혜, 행복, 평화, 명랑, 희망
부정 : 비겁함, 질투, 기만, 편견, 파괴, 신경질

(5) 갈색 (Brown)

수확과 결실의 계절 가을의 계절색이다.

긍정 : 성공, 수확, 출세, 합격, 승부, 건강, 성실, 정직, 책임감, 의무감, 고급스러움, 점잖음, 럭셔리
부정 : 생명력 감퇴, 죽음, 부패

(6) 옥색 (Jade)

따뜻한 노랑과 차가운 파랑이 합쳐진 색으로 중성적인 느낌이며 편안하고 친근한 색이다.

긍정 : 동경, 희망, 향수, 추억, 회상, 시원함, 편안함, 친근함
부정 : 우울, 나른함

(7) 초록 (Green)

자연을 상징하는 초록은 시원한 느낌과 마음을 평온하게 해주는 따뜻한 느낌을 동시에 전달한다.

긍정 : 생명, 풍성함, 희망, 평화, 평안, 안정, 이성, 정직, 관용, 쉼터
부정 : 시기심, 자기억제, 탐욕, 부식

(8) 하늘색 (Sky Blue)

맑고 화창한 하늘을 연상시키며 성스럽고 깨끗한 감정을 전달한다.

긍정 : 무한, 영원, 천국, 신비로운, 창조, 깨끗함, 순수, 긍정
부정 : 나른함

(9) 파랑 (Blue)

사람의 마음을 가장 차분하게 안정시키는 색상으로 웹에서 가장 많이 쓰이는 대중적인 색상이다.

긍정 : 신뢰, 신중, 이성, 진실, 충성, 성실, 권위, 존경, 생명, 불멸, 행운
부정 : 우울, 불행, 고통, 냉정, 이지적

(10) 남색 (Deep Blue)

파랑보다 무겁고 검정보다 어둡지 않은 남색, 강렬한 느낌보다는 수동적 느낌이 강하다. 차분한 안정감을 주므로 부담 없이 편안하게 한 곳에 집중이 필요한 작품의 배경색으로 적합하다.

긍정 : 무한함, 충실, 신뢰, 진지
부정 : 냉정, 차가움, 의심, 긴장

(11) 보라 (Purple)

파장이 짧은 특성 때문에 빛, 환상, 신비적 느낌을 표현하는데 가장 효과적이다.

긍정 : 지혜, 신비, 환상, 낭만, 신성, 거룩, 숭고함, 고귀함, 화려
부정 : 비애, 우울, 고독, 사치, 죽음의 고통

(12) 자주 (Deep Red)

사람의 감성을 자극하는 관능성과 시각을 강하게 자극하는 위력을 가지고 있다. 강한 자극으로 눈의 초점을 어지럽히므로 넓은 공간을 채색하는 색상으로는 적합하지 않다.

긍정 : 권위, 화려함, 세련, 고급, 신비, 예술적, 낭만적
부정 : 사치, 위험, 강압, 침체

(13) 분홍 (Pink)

자주의 낭만, 빨강의 정열, 주홍의 활동성을 모두 포함하는 밝고 부드러운 이미지이다. 밝은 핑크는 순수, 청순, 연약함, 짙은 핑크는 화사, 화려, 선정적인 느낌의 색이다.

긍정 : 낭만, 열정, 사랑, 환희, 쾌활함, 감성적, 따뜻함, 화려함, 신뢰, 건강
부정 : 섹스, 변덕스러움

(14) 회색 (Gray)

두뇌를 상징하는 색으로 지적이고 점잖은 기품을 드러내고 조용한 느낌을 나타낸다. 강한 색상을 중화시켜주는 특성이 있으며 배색이 수월하다. 단색보다는 그레이 스케일의 명도차이를 이용한다.

긍정 : 상식, 평온, 점잖음, 기품, 우아함, 세련, 절제, 겸손, 창조
부정 : 슬픔, 무기력, 흐림, 황량, 내성적

(15) 검정 (Black)

가장 낮은 명도로 무거운 색감을 가지며 다른 색상을 선명하고 화려하게 돋보이도록 강조해준다.

긍정 : 신비, 모던, 세련, 당당함, 위엄, 권위, 교양, 힘, 압도, 공격
부정 : 공포, 불안, 절망, 슬픔, 침묵, 허무, 고독, 사치

제 9 절 12색상환 실습

색의 3원색(1차색)을 혼합하여 2차색과 3차색을 만들어 12색상환을 만든다.

(1) 준비물

12색상환표, 백모웨프트(12개), 산성컬러(레드, 블루, 옐로우), 호일, 랩, 분무기, 타이머, 매직, 염색붓, 저울, 장갑, 앞치마, 샴푸, 린스

(2) 실습과정

① 실습자는 앞치마와 장갑을 작용하고 책상위에 염모제가 묻지 않도록 랩을 사용하여 책상을 감싸준다.

② 책상 위에 호일을 깔고 그 위에 2차색과 3차색의 혼합색상을 메모한 후 염모제를 1:1로 혼합한다.

2차색과 3차색 만들기

- 2차색은 1차색을 1:1로 혼합하여 만들어준다.

1차색	2차색
레드+블루	따뜻하다
레드+옐로우	따뜻하다
블루+옐로우	약간 따뜻하다

- 3차색은 서로 이웃하는 1차색과 2차색을 1:1로 혼합하여 만들어준다.

1차색+2차색	3차색
(레드+블루)+레드	레드바이올렛
(레드+블루)+블루	블루바이올렛
(레드+옐로우)+레드	레드오렌지
(레드+옐로우)+옐로우	옐로우오렌지
(블루+옐로우)+블루	블루그린
(블루+옐로우)+옐로우	옐로우그린

③ 준비된 백모웨프트에 염모제를 도포한 후 랩으로 감싼다.

④ 40분 자연방치 후에 샴푸와 린스를 하고 드라이기로 건조한다.

⑤ 염색된 웨프트를 깔끔하게 정리하여 12색상환표에 붙인다.

(3) 12색상환 실습차트

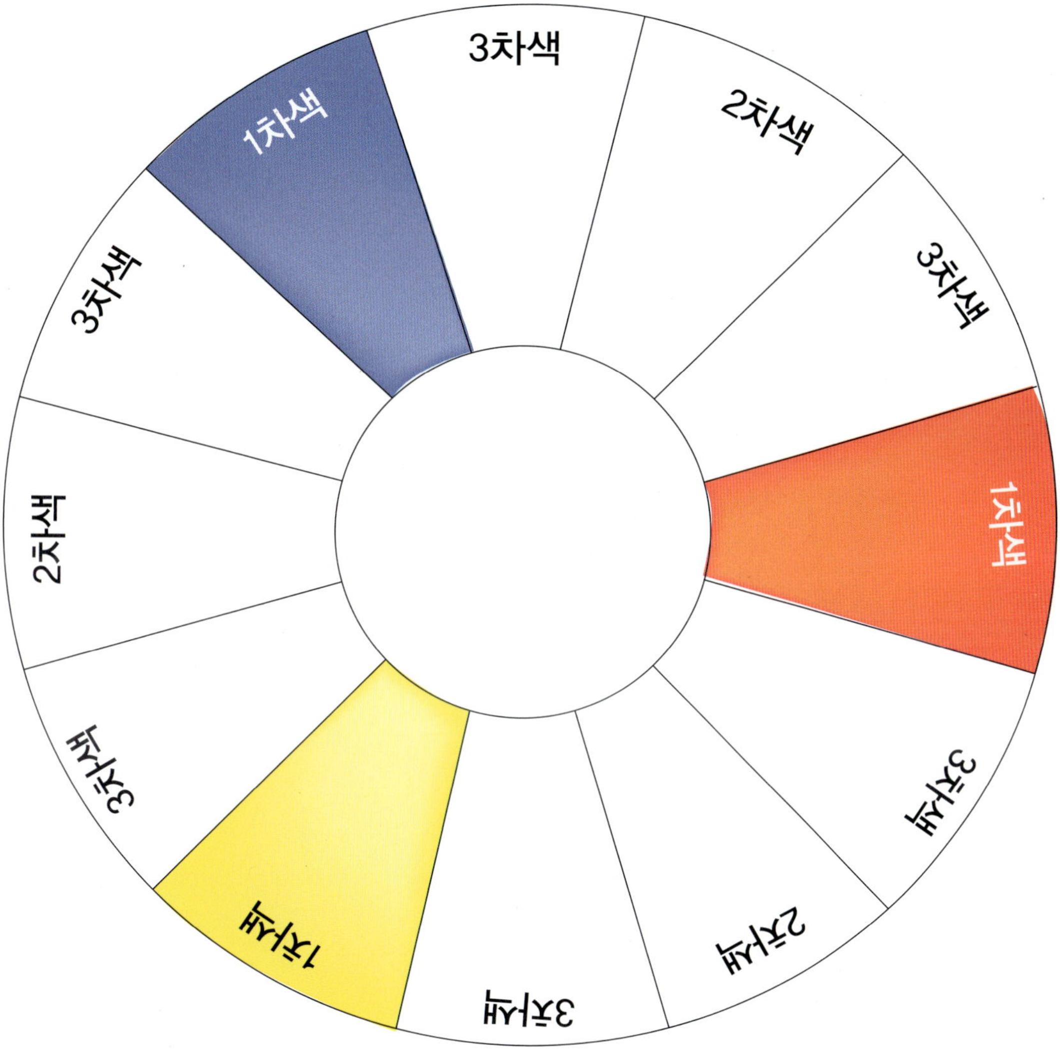

12 색상환

학 번	
(반)이름	( )반

제10절 보색중화 실습

보색이란 색상환에서 서로 마주보고 있는 위치의 색으로 강조효과와 중화효과를 보인다.

강조효과

동일선상에서 배치했을 때 서로 강조의 효과

중화효과

보색끼리 믹스했을 때 서로의 힘을 잃게 되어 갈색 또는 무채색으로 변화 (명도가 2~4레벨 다운)

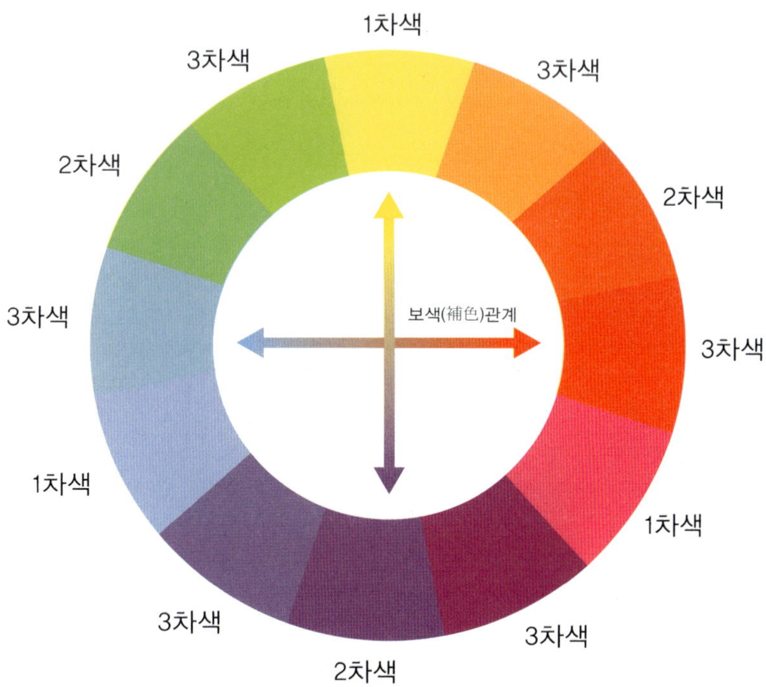

(1) 준비물

보색차트, 백모웨프트(6개), 산성컬러(레드, 블루, 옐로우, 그린, 오렌지, 바이올렛), 호일, 랩, 분무기, 타이머, 염색붓, 저울, 장갑, 앞치마, 샴푸, 린스

(2) 실습과정

① 실습자는 앞치마와 장갑을 작용하고 책상 위에 염모제가 묻지 않도록 랩을 사용하여 책상을 감싸준다.

② 백모웨프트에 웜톤(레드, 옐로우)과 쿨톤(그린, 블루, 바이올렛)으로 나누어 1차 염색을 한다.

③ 자연방치 40분 후 샴푸하여 드라이로 건조시켜 준다.

④ 1차 염색된 모발에 각각 보색을 사용하여 모발 끝에서 약 3cm 정도 염색을 한다.

⑤ 자연방치 40분 후 샴푸와 린스 후 드라이로 건조시켜 준다.

⑥ 염색된 웨프트를 깔끔하게 정리하여 보색실습표에 정리하여 붙인다.

(3) 보색중화 차트

보색차트

학 번	
(반) 이름	(　　) 반

베이스색상	웜톤			쿨톤		
보색색상						

제11절 퍼스널 컬러와 이미지

(1) 퍼스널 컬러

피부색, 눈동자색, 머리색 등 개인마다 태어날 때부터 지니는 독특한 색과 조화를 이루어 어울리는 색을 퍼스널 컬러라고 한다. 개개인의 신체색과 조화를 이루는 퍼스널 컬러는 얼굴에 생기가 돌고 활기차 보이도록 한다. 그러나 색상이 맞지 않는 경우에는 피부결이 거칠어 보이고, 투명감이 사라져 피부의 결점만이 드러나게 된다.

따라서 자신의 신체색을 아는 것은 이미지 관리를 위해 효과적인 방법이 된다. 미국, 일본, 유럽 등에서 4계절의 이미지에 비유하여 신체색을 분류하는 방법을 활용하고 있다. 즉, 봄, 여름, 가을, 겨울의 이미지에서 보여지는 색채를 이용하여 개인의 개성 있는 이미지를 연출한다.

(2) 4계절 색상

자연의 색을 사계절의 색으로 분류하여 구분하듯 그에 따라 사람의 신체색상을 구분하게 된다. 일반적으로 봄 · 여름은 따뜻하고 가을 · 겨울은 차가운 개념으로 인지하고 있지만 퍼스널 컬러의 구분에서는 봄과 가을은 따뜻한 색이며 여름과 겨울은 차가운 색의 개념으로 구분된다.

이것은 봄과 가을에는 따뜻한 계열의 노르스름한 색(yellow base)을 지니고 있고, 여름과 겨울에는 차가운 계열의 푸르스름한 색(blue base)을 지니고 있기 때문이다.

표 3-2 4계절 색상의 분류요인

유 형	색 상(Hue)	명 도(Value)	채 도(Chroma)	톤(Tone)
봄	따뜻함	밝음	선명함	소프트
여름	차가움	밝음	흐림	소프트
가을	따뜻함	어두움	흐림	하드
겨울	차가움	어두움	선명함	하드

1) 봄 타입

봄 색상의 특징은 대부분 온화하고 부드러운 것이 특징이며 신체색상은 옐로우 베이스로 따뜻한 톤을 지니고 있다. 아시아인은 매우 밝은 아이보리 피부를 지니고 있으며, 피치 빛의 홍조에 맑고 투명한 빛을 지니고 있다.

2) 여름 타입

여름 색상의 특징인 희고 푸른빛을 지닌 차갑고 부드러운 파스텔 톤이 주를 이룬다. 신체 색상은 블루 베이스로 밝은 톤보다 중간 톤의 섬세하고 부드러운 색으로 콘트라스트가 약한 편이다. 따라서 부드러운 이미지와 내추럴 이미지가 주를 이룬다.

3) 가을 타입

가을 색상의 특징인 깊고 풍부한 색으로 신체 색상은 옐로우 베이스로 차분한 중간 톤과 어두운 톤이 주를 이루고 깊이감 있는 색상을 지니고 있다.

4) 겨울 타입

겨울 색상의 특징인 선명하고 강한 색으로 신체 색상은 블루 베이스로 차가운 톤이며 피부색과 머리카락 색, 눈동자 색의 차이가 밝고 어두운 콘트라스트가 강한 타입이다.

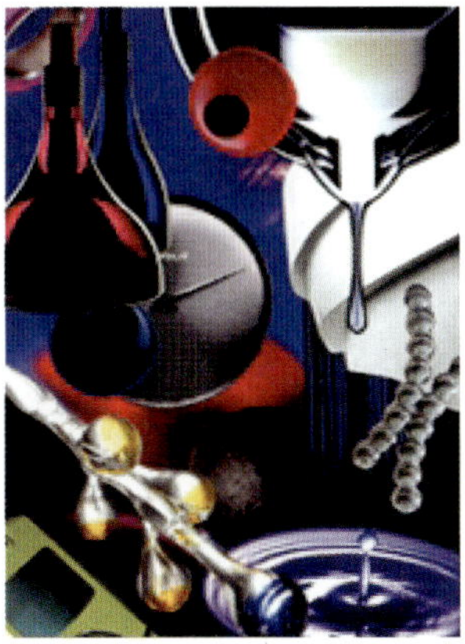

(3) 퍼스널 컬러 진단법

자연의 색을 사계절의 색으로 분류하여 구분하듯 그에 따라 사람의 신체 색상을 구분하게 된다. 퍼스널 컬러 진단법은 천을 이용하는 방법과 립스틱 컬러로 테스트하는 방법이 있다.

1) 천을 이용하는 방법

컬러 진단 방법은 사계절로 나누어진 진단 천을 사용하여 테스트 후 계절을 선별한다.

사계절 천을 이용하여 테스트하는 방법은 천을 직접 얼굴에 대어 반사 반응을 알아보는 형식으로 진행된다.

진단을 하는 동안 본인에게 어울리지 않는 컬러를 진단할 때는 얼굴의 변화가 나타난다. 예를 들어, 눈 밑이 검어지거나 얼굴 색이 어두워지거나 붉어지고 입 주위, 광대뼈 등의 그늘이 짙어져 나이 들어 보일 수 있고 얼굴빛이 칙칙하거나 매우 피곤하고 에너지가 떨어지는 느낌을 느낄 수 있으며 눈동자색이 불투명하게 보인다. 반면에 어울리는 색은 얼굴색이 밝고 투명하면서 단점이 감소된다.

2) 립스틱 컬러로 테스트하기

평소 즐겨 사용하는 립스틱 색상이 오렌지, 브라운, 레드 계열의 색상인지, 핑크 와인 계열인지를 구분하고 옅은 계열과 중간색 계열과 짙은 계열의 색 중 어떤 톤의 색을 가장 즐겨 사용하고 있는지를 분석한다.

표 3-3 온도별 색상

유 형	색 상	톤	계절
따뜻한 색	오렌지, 브라운, 레드 계열	옅은톤	봄
		짙은톤	가을
차가운 색	핑크, 와인, 퍼플 계열	옅은톤	여름
	로즈 브라운, 로즈 베이지 계열	짙은톤	겨울

(4) 얼굴형과 퍼스널 컬러에 따른 헤어컬러링

장방형 얼굴형은 세로로 길기 때문에 폭을 넓히고 길이를 줄어보이도록 하는 것이 중요하기 때문에 옆부분에 하이라이트, 윗부분에 로우라이트를 넣어 얼굴과 목이 넓어 보이도록 한다.

삼각형 얼굴형은 아래턱의 바깥 부분에 튀어나온 경우가 많으므로 아래턱은 부풀어 보이기도 하고 턱의 라인이 잘 구분되지 않는 경우도 있다. 포인트는 윗부분에 하이라이트, 턱 바깥 부분에 로우라이트를 넣어 상하의 밸런스를 맞추는 것이다.

역삼각형 얼굴형은 삼각형과는 반대로 턱이나 목보다 이마 쪽이 넓은 경우이다. 윗부분의 목과 턱의 밸런스가 중요하기 때문에 윗부분에 로우라이트, 아랫부분에 하이라이트를 넣으면 뒷부분에 볼륨감이 생겨 밸런스가 맞춰진다.

하얀 얼굴은 어떤 색도 무난하지만 레드, 오렌지, 핑크, 빨간 색 등의 붉은 계열 컬러가 잘 어울린다. 다만 노랑색은 탈색되고 부스스한 느낌이 들므로 피하는 것이 좋다.

희고 큰얼굴은 블루블랙이나 블랙 컬러가 적당하다. 페이스 라인을 따라 어두운 색을 연출하면 얼굴이 작아보인다.

노란 얼굴은 갈색이나 오렌지가 무난하다.

까만 얼굴은 오렌지, 갈색 등의 밝은 색이 좋다. 검고 어두운 색은 얼굴이 우중충해 보이므로 피하는 것이 좋다. 까만 얼굴은 은색이나 금색같은 자극적인 컬러나 블루블랙, 퍼플 등의 진한 컬러가 잘 어울린다.

(5) 톤과 이미지

색은 무한으로 만들 수 있다. 명도와 채도는 언제나 함께하며, 순색에 무채색이 섞이는 정도에 따라 색이 만들어 진다.

순색에 흰색을 섞으면 명도는 높아지지만 색깔이 줄어들어 채도는 낮아진다. 이러한 변화를 이해하기 쉽게 하기위해 명도와 채도 이 둘을 합쳐서 톤이라고 부른다.

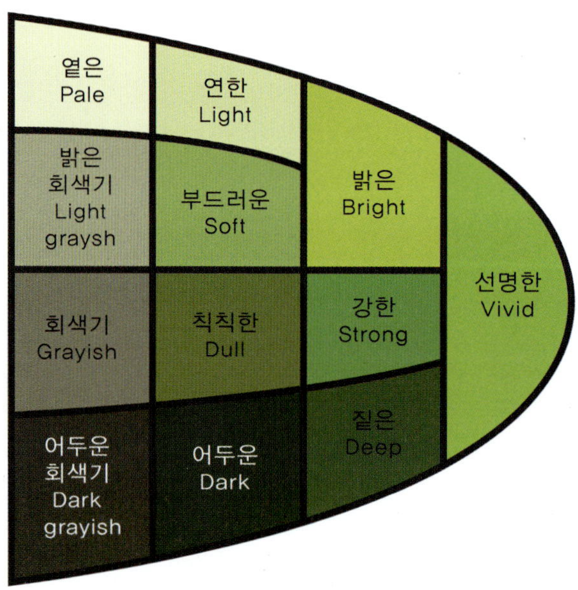

(6) 톤표 만들기 실습

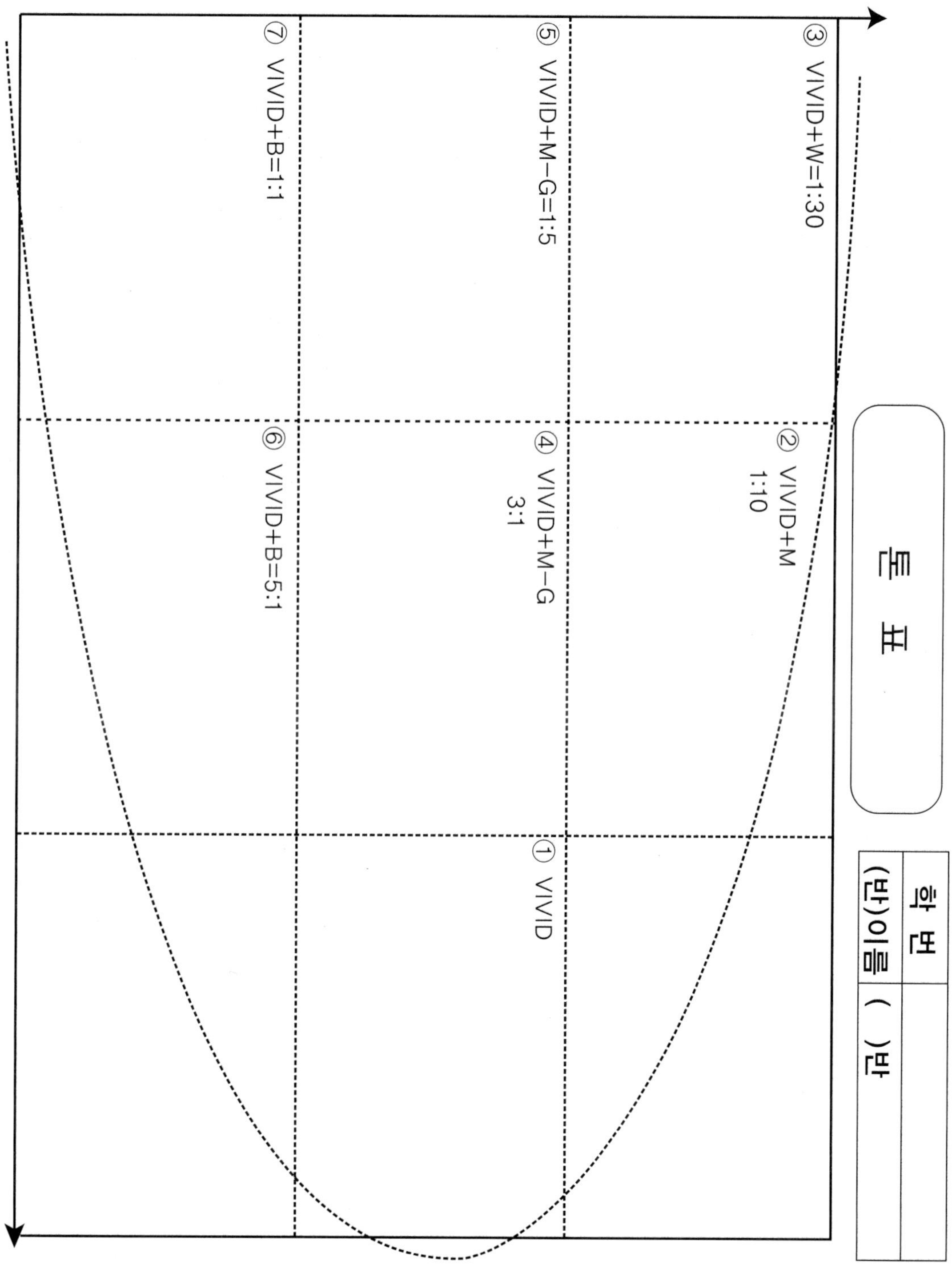
톤 표
학 번
(반)이름 ( )반
① VIVID
② VIVID+M 1:10
③ VIVID+W=1:30
④ VIVID+M−G 3:1
⑤ VIVID+M−G=1:5
⑥ VIVID+B=5:1
⑦ VIVID+B=1:1

Chapter 4
모발과 염색

Chapter 4

모발의 염색

제1절 염색의 개요

염색은 아름다워지고 싶은 인간의 욕구에 의해 모발 본래의 색을 인공적인 색으로 수정하여 표현하는 것이다. 자연의 모발색에 인공색소를 착색시키는 것으로 희망색상으로 염색, 백모염색, 탈색된 모발에 인공색소를 착색, 모발의 명도 변화, 신생모의 재염색 등이 있다.

제2절 염모제의 분류와 특성

1. 염모제의 특성에 따른 분류

산화제 사용 유무에 따라 비산화 염모제와 산화 염모제로 나뉜다. 산화제가 들어있지 않고, 1제로만 구성되어 있어서 명도의 변화 없이 색상표현만 가능한 비산화 염모제, 산화제가 들어있는 제품으로 1제와 2제를 섞어서 색상 및 명도를 변화시키는 산화 염모제가 있다.

(1) 비산화 염모제 (non-oxidative color)

산화제가 들어있지 않은 헤어 컬러 제품으로 색소를 더해주지만 자연 모발의 색상을 밝게 해주지는 못하고, 주로 일시 염모제나 반영구 염모제가 이에 속한다.

1) 일시 염모제 (temporary color)

① 작용원리(mechanism)

염료 색소 입자가 커서 모피질까지 침투하지 못하고 모표피층에 착색되었다가 샴푸하면 색상이 씻겨 나간다.

② 특 징

모발의 모표피층에 착색되어 샴푸하기 전까지만 효력이 지속된다. 간편한 시술로 새치를 커버할 수 있고, 모발 숱을 더욱 풍성하게 보일 수 있으며 색이 다양하여 패션재료로도 활용된다.

일시 염모제의 종류

컬러 스프레이, 컬러 무스, 컬러 마스카라, 컬러 파우더, 새치커버용 스틱, 헤어초크

장 점

- 시술이 간편하며 멜라닌 색소의 변형이 없어 손상이 발생되지 않는다.
- 퇴색 된 컬러를 일시적으로 커버할 수 있다.
- 반사빛을 부여할 수 있다.
- 일시적으로 백모를 커버할 수 있다.

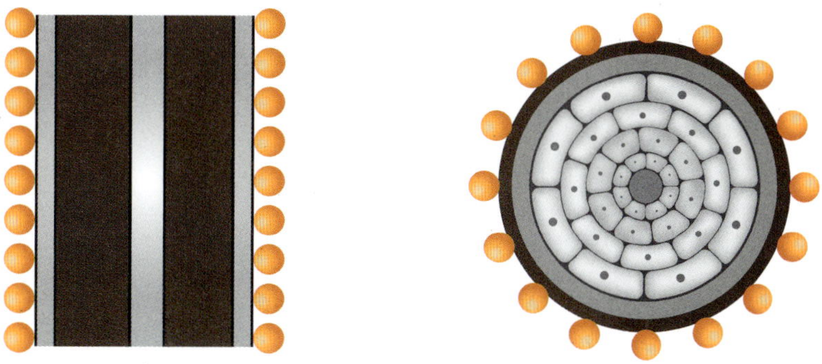

그림 4-1 일시 염모제가 도포된 모발

단 점

- 일시적인 작용이므로 샴푸 후에는 제거된다.
- 땀이나 비에 젖으면 의류에 이염이 될 수 있다.
- 밝은 레벨의 컬러 표현은 어렵다.

2) 반영구 염모제 (semi-permanent color)

① 작용원리(mechanism)

이온 결합의 원리를 이용한 염색법으로 모발 손상이 심한 모발의 경우 먼저 산성처리를 하여 모발을 (+)이온으로 변화시킨 후 (−)전하를 띤 산성염료를 도포하여 이온결합을 통하여 염색하는 방법이다. 모표피에 침투한 입자들은 모발의 기본적인 분자 구조를 변화시키지 않고, 작고 큰 입자들 중 작은 입자들은 모피질까지 침투하고 큰 입자는 모표피층을 코팅한다.

② 특 징

일반적으로 산성컬러 혹은 비산화 염모제라고도 불리며 모표피에 약간의 막을 형성한다. 반영구 염모제는 2~6주(개인마다 지속기간이 다르다) 동안 지속되며 샴푸 횟수에 따라 거의 4주를 기준으로 색상 유지력이 달라진다. 1제로만 구성되어 있으며 약산성의 제품으로 모발에 손상을 일으키지 않는다.

모발에 착색만 가능하며 가늘고 손상된 모발에 윤기를 부여한다. 또한 모발 명도에는 변화를 주지 않고 다공성모의 손상부분을 일정기간 메워 주는 역할을 한다. 선명한 색을 원할 경우 탈색으로 적절한 명도를 만들고 난 뒤 원하는 색상을 도포하면 완벽한 색상을 표현할 수 있으며 샴푸 후 옷에 이염될 수 있으므로 산성린스를 사용하여 염료가 빠지는 것을 방지한다.

펌과 함께 시술이 가능하나 두 제품을 섞으면 퍼머제의 알칼리 농도가 낮아져 펌의 컬이 늘어지므로 펌제와 코팅제의 비율이 10:1이 되도록 한다. 펌제의 암모니아 성분이 모표피를 열어주어 모피질 안에 색소가 침투되어 착색되기 때문에 펌과 함께 시술하는 경우 더 선명한 결과를 얻을 수 있다.

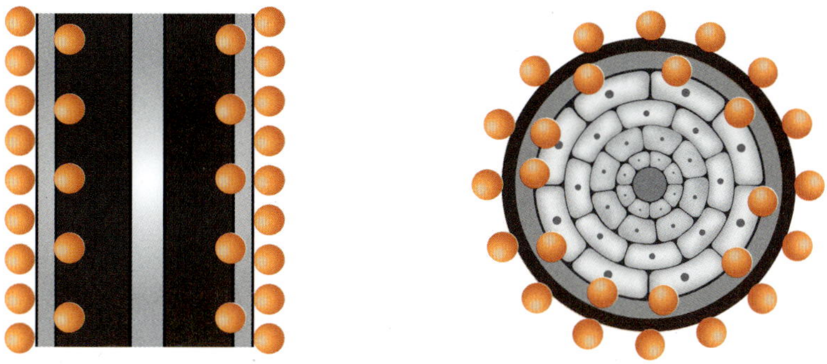

그림 4-2 반영구 염모제가 도포된 모발

반영구 염모제의 종류

헤어 매니큐어, 왁싱, 코팅제

장 점

- 멜라닌 색소를 변형시키는 것이 아니라 색소의 첨가로 모발 케라틴과 친화력이 있으며 손상이 적다.
- 백모는 10~30%까지 커버하거나 부분적으로 조화시킬 수 있다.
- 모표피에 막을 형성, 흡착되어 염색되므로 컬러 반사빛을 더해줄 수 있다.

단 점

- 땀이나 비에 젖으면 의류에 이염이 될 수 있다.
- 개인의 생활패턴, 샴푸횟수에 따라 지속기간이 달라질 수 있다.

(2) 산화 염모제 (oxidative color)

산화제(2제)와 섞어 쓰는 헤어 컬러 제품으로 주로 준영구적 염모제(ton on ton)와 영구적 염모제(permanent color)가 이에 속한다. 산화제(2제)를 혼합 사용하기 때문에 패치테스트가 필요하다.

1) 준영구 염모제 (ton on ton)

① 작용원리(mechanism)

모발의 수소결합에 염착하는 원리를 이용한 염색법으로서 알칼리성으로 (pH 8~9) 모표피를 팽윤시켜 염료 색소가 모피질 내로 침투하여 모발의 수소 결합에 염착한다. 수소결합은 물에 의해 절단되므로 매일 샴푸를 하게 되면 물에 의해 색소들이 파괴되어 점점 퇴색현상이 일어난다.

② 특 징

중 · 저명도의 컬러 발색과 반사빛만 부여한다. 즉 이미 염색되어 밝아진 모발에 같은 컬러로 반사빛만 주고자 할 때 또는 더 어둡게 염색하고자 할 때 사용하는 염모제이다. 모발 안쪽에 색소가 침투되며 2제의 농도가 3%대 미만이다.

1제와 2제로 구성되어 있으며 사용 직전 혼합하여 사용하고 영구적인 결과가 나타난다. 퇴색된 모발에 광택과 윤기를 부여하고, 영구적 염모제보다 모발 손상이 적으며 백모 커버(40~50%)가 가능하다.

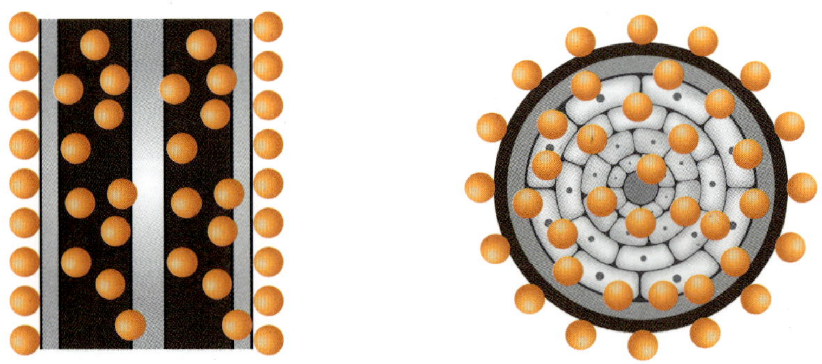

그림 4-3 준영구 염모제가 도포된 모발

준영구 염모제의 종류

웰라의 소프트 터치, 로레알의 리체스

장 점

- 영구적 염모제에 비해 손상이 적다.
- 퍼머 후에도 바로 사용할 수 있어서 시간 단축과 편리성이 뛰어나다.

단 점

밝은 레벨의 컬러는 표현되지 않는다.

2) 영구 염모제 (permanent color)

① 작용원리(mechanism)

1제의 알칼리제가 모표피를 팽윤시켜 1제와 2제의 모피질 침투를 용이하게 한다. 모피질로 침투한 1제의 알칼리제와 2제의 과산화수소수가 서로 반응을 하여 산소를 발생시키고, 이때 발생된 산소가 멜라닌색소를 파괴시켜 탈색작용이 일어난다. 일부의 산소는 1제의 염료와 산화중합반응을 일으켜 작았던 염료입자가 커지면서 발색이 되고 모피질에 착색된다.

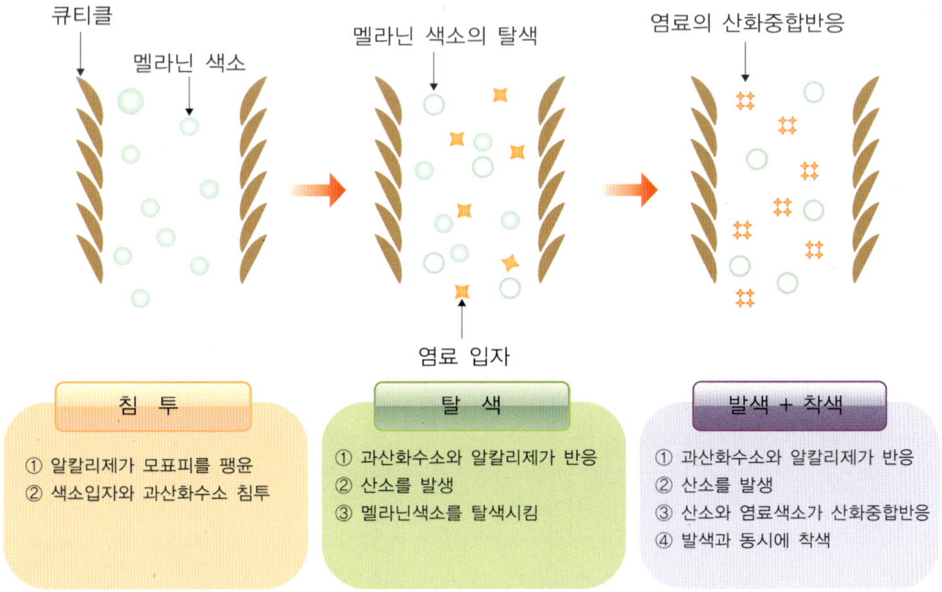

그림 4-4 영구 염모제의 작용원리

② 특 징

알칼리산화 염모제는 일반적으로 미용실에서 가장 많이 사용하는 염모제로 모발을 밝게 또는 어둡게 등 모든 명도의 컬러표현이 가능하다. 1제의 염료와 2제의 산화제로 구성되어 있고 이를 혼합하여 모발에 도포한다.

여러 번 샴푸 후에도 색상이 빠져 나가지 않아서 영구적이지만 오랜 시간이 지나면 차차 색상이 퇴색된다. 100% 백모 커버와 원하는 색과 명도를 다 만족시킬 수 있으므로 어둡거나 밝게 또는 색조만 눈에 띄게 할 수 있어 어떤 색이든지 가능하다.

영구적 염모제의 종류

흔히 시중에서 사용되는 1제와 2제의 혼합형태

장 점

- 모발의 컬러를 다양하게 변화시킬 수 있다.
- 백모 커버율 100%
- 한 번 시술로 결과가 영구적이다.
- 본래의 모발색을 변화시키며 탈색과 착색 모두 진행된다.

단 점

모발의 손상도가 촉진된다.

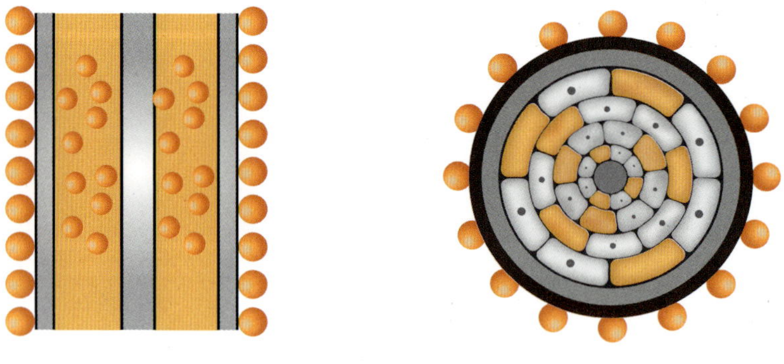

그림 4-5 영구 염모제가 도포된 모발

③ 1제의 구성성분

염 료

기본색을 나타내는 염료중간체와 다양한 색과 농도를 나타내는 염료수정체가 사용되며, 작은 염료분자가 2제의 과산화수소와 1제의 알칼리제와 반응하면서 발생된 산소와 결합하여 입자가 커지면서 색을 나타낸다.

염료중간체	색 상
파라페닐렌디아민 (Para−phenylene−diamine)	검정색
파라톨루엔디아민 (Para−toluene−diamine)	흑갈색
파라아미노페놀 (Para−amino−phenole)	다갈색
올소아미노페놀 (O−amino−phenole)	황갈색

염료수정체	색 상
레조시놀 (resorcinol)	녹색, 갈색
메타아미노페놀 (meta-aminophenole)	마젠타색, 갈색
메타페닐렌디아민 (meta-phenylene-diamine)	청색
나프톨 (naphthol)	자청색

알칼리제

모표피를 팽윤시키고 염료의 침투를 용이하게 해주며 2제의 과산화수소와 반응하여 산소를 발생시킨다.

알칼리제	색 상
암모니아 (ammonia)	휘발성이 강하다. 냄새가 자극적, 공기보다 밀도가 낮다. 모발시술 시 휘발하기 때문에 모발의 손상이 적다.
아민 (amine)	휘발이 약하다. 냄새가 적고 피부자극이 적다. 모노에타놀아민이 가장 많이 사용되며, 트리에탄올아민, 디에탄올아민, 이소프로판올아민 등이 있다. 모발에 잔류하기 쉬우므로 시술 후에 깨끗이 씻어내야 한다.
중성염	저알칼리제, 저산화 저알칼리염모제에 주로 사용 냄새가 적고 피부자극이 적다. 탄산수소암모늄이 가장 많이 사용되며, 탄산수소나트륨, 인산수소암모늄 등이 있다. 모발에 잔류하기 쉬우므로 시술 후에 깨끗이 씻어내야 한다.

기 타

계면활성제와 모발트리트먼트제 등으로 구성되어 있다.

④ 2제의 구성성분

과산화수소수

무색의 액체로 산화작용을 하며 모피질 내의 멜라닌색소를 파괴시켜 염료가 들어갈 수 있도록 하며 1제의 알칼리제와 반응하여 산소를 발생시켜 염료와 산화중합반응을 돕는다.

⑤ 염모제의 작용시간

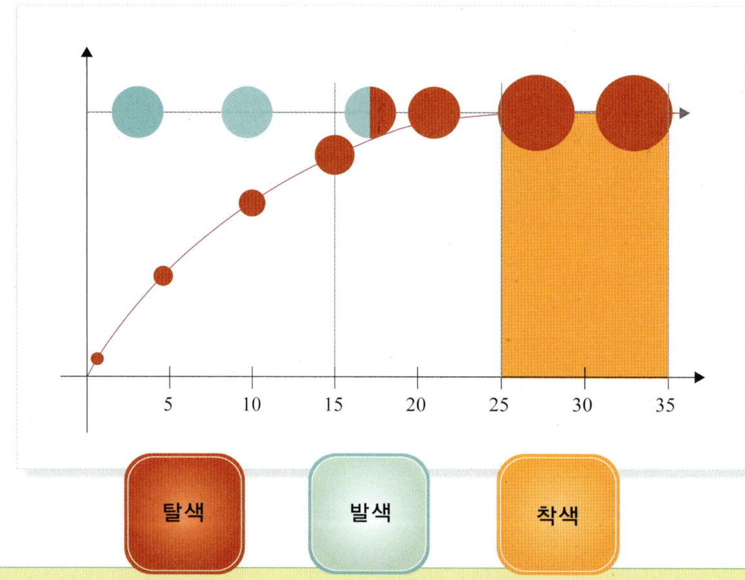

염모제 도포 후 멜라닌 색소가 탈색되고 그 자리에 인공염료가 발색하여 착색되는 시간은 30±5분 정도의 시간이 소요된다. 시간이 부족하면 탈색만 진행이 되고 발색과 착색이 이루어지지 않아 명도는 높아지지만 색상표현이 부족하고 퇴색이 빨리 진행된다.
시간이 초과되면 채도가 떨어지고 모발의 손상이 진행되며 퇴색이 빨리 진행 된다.
25℃ 내외의 실온이 적정하며 온도가 20℃ 이하로 내려가면 열기구를 이용하여 시술한다.
열기구 온도는 45℃ 이하로 설정하고 시간은 15분 이내로 하며, 자연방치시간은 10분 이상 필요하다.

표 4-1 염모제의 종류에 따른 특성

종 류		장 점	단 점
비산화염모제	일시염모제	• 모발손상이 없음 • 색상이 다양함 • 사용방법이 간단함 • 모발의 변화 쉬움	• 마찰 또는 수분, 땀 등에도 쉽게 제거됨
	반영구염모제	• 모발손상이 거의 없음 • 모발에 윤기 부여 • 다공성모의 손상 부분을 일정기간 메워줌 • 탈색 병행하여 사용 시 다양한 색상 사용 가능	• 어두운 모발은 밝고 선명한 색으로 표현되지 않음 • 피부나 두피에 묻으면 잘 지워지지 않음 • 장기간 사용 시 모발이 뻣뻣해짐
산화염모제	준영구염모제	• 영구염모제에 비해 모발 손상이 적음 • 모발 명도에 관여하지 않음으로 두피 온도 차에 의한 시술제약이 적음 • 펌 직후 바로 시술 가능	• 모발 명도를 높이지 못하여 밝은 색이나 선명한 색을 나타낼 수 없음
	영구염모제	• 모발의 명도 변화 가능 • 다양한 명도와 색상의 표현이 가능 • 백모 염색 100% 가능	• 모발이 손상됨

2. 염모제의 재료에 따른 분류

(1) 식물성 염모제

고대 이집트와 페르시아에서 오래전부터 사용되어 온 것으로 헤나, 인디고, 캐모마일, 샐비어 등이 있다. 주로 꽃이나 식물에서 추출한 염료를 사용하는 염모제로 부작용이 거의 드물다. 헤나는 표피층에 막을 형성하고 모피질 속으로 색소가 유입되어 영구적인 결과를 나타낸다.

장점은 손상이 없고 장기 사용 시 모발의 힘과 두께감이 굵어질 수 있으며 독성과 자극이 없어 알레르기 체질에도 안전하다. 단점은 퍼머 시술 시 퍼머제의 침투효과가 저하되며 장기적으로 사용 시 컬러 변화가 어렵고, 모발이 건조해지고 뻣뻣해진다. 또한 색이 한정되어 있고 염색시간이 길다.

(2) 금속성 염모제

은, 납 성분들을 함유한 염모제로서 케라틴이 유황과 금속에 반응하고 모발에 금속의 피막이 형성되어 색이 나온다. 그러나 금속 특유의 광택과 제한적 색조로 현재 거의 사용하지 않고 있다.

(3) 합성 염모제

현재 가장 많이 사용되고 있는 영구 염모제로 1제와 2제로 나눠져 있다. 다양한 색상을 발색시킬 수 있고 사용이 간편하여 널리 이용되고 있다. 산화영구염모제는 저알칼리성 산화염모제와 알칼리성 산화염모제로 나눈다.

제3절 탈 색

(1) 작용원리 (mechanism)

탈색은 모발 내에 존재하는 멜라닌 색소 또는 인공색소를 제거함으로써 모발의 색을 밝게 변화시키는 것이다. 알칼리제가 모표피를 팽윤시키고 모피질로 침투한 알칼리제와 과산화수소수가 서로 반응을 하여 산소를 발생시키고 이때 발생된 산소가 멜라닌색소를 파괴시켜 탈색작용이 일어난다.

이때 산화제에서 배출된 산소는 먼저 유멜라닌을 제거하고 점차 페오멜라닌을 없앤다. 이는 영구적 염색법의 원리와 동일하며 다만 색소의 산화과정이 없다는 것이 다르다.

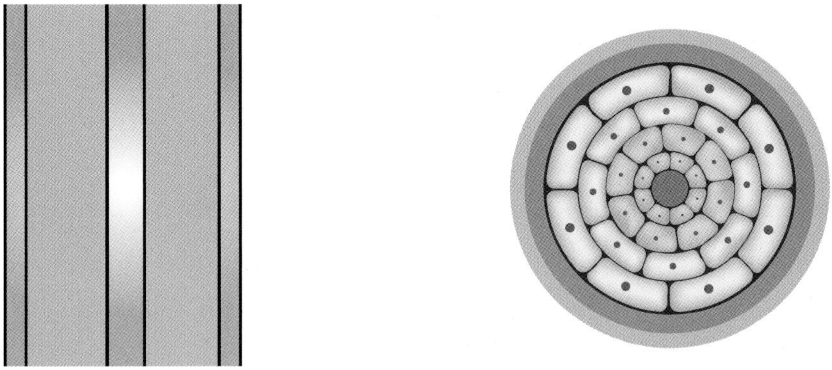

그림 4-6 탈색제가 도포된 모발

(2) 탈색제의 특성

탈색은 자연 모발의 밝기를 조절하며 염색 전에 원하는 명도를 조정할 수 있다. 탈색제의 성분으로는 알칼리제와 과산화수소가 있다. 탈색효과를 높이기 위하여 탈색제에는 암모니아(NH3) 또는 모노에탄올아민(M.E.A)과 같은 알칼리를 배합하게 되는데 알칼리는 모발을 연화 및 팽창시켜 산화제의 침투를 도울 뿐만 아니라 과산화수소의 분해 및 산소발생을 촉진하여 보다 신속한 탈색을 유도한다.

과산화물은 강력하게 산소를 발생하여 모발을 탈색시키나 모발의 손상을 유발한다. 주성분은 과황산나트륨, 과황산칼륨, 과황산암모늄, 과황산망간, 과황산 바륨 등이다.

(3) 산화제의 특성과 종류

산화제는 제2제라고도 하며 주로 과산화수소가 많이 사용된다. 과산화수소는 멜라닌 색소를 분해하여 모발의 색을 보다 밝게 하고, 모발 케라틴을 약화시키고 암모니아에 의해 보다 빨리 산소를 발생하는 특성을 가지고 있다.

과산화수소의 농도에 따라서 산소의 발생량이 달라지는데 농도가 높을수록 많은 산소를 발생시킨다. 모발염색 시에 사용되는 과산화수소의 농도는 보통 6%를 사용한다.

물 분자에 산소 분자를 첨가해서 만들어지는 것으로 암모니아수와 같은 알칼리에 의해서 산소와 물로 분해된다. 이때 방출되는 산소의 양이 볼륨(Vol.)이다. %로 표기하는 것은 100g의 용액에 과산화수소수의 양이 얼마나 들어 있는지를 말하며, 3%의 과산화수소수는 10볼륨의 과산화수소수와 같다.

구 분	3%	6%
발생기 산소량	10Vol	20Vol
모발 탈색력	적음	보통
비율	1:1 , 1:1.5 , 1:2	1:1 , 1:1.5, 1:2
적용모발	톤 다운 & 톤 인 톤 염색 밝은 모발에 선명한 반사색 연출 백모 염색	톤 업 & 톤 인 톤 염색 백모 & 멋내기 염색
기대효과	적은 모발손상 깊이감 있는 반사빛	다양한 색상표현

구 분	볼 륨	작 용
3%	10	두피사용 가능, 어두운 컬러착색 용이 백모 염색 또는 톤 다운 블리치 모발에 색소 착색
6%	20	두피사용 가능, 영구염색 시 적정 탈색 및 착색 작용 백모 염색 또는 톤 다운 동일 명도에 반사빛 부여 1~2단계 음영을 높일 때 사용
9%	30	두피사용 가능,우수한 탈색작용, 백모 커버력 저하 2~3단계 음영을 높일 때 사용

check point

과산화수소의 보관

과산화수소는 산소가 분리되는 것을 막기 위해 안정제(살리실산, 인산)를 첨가하므로 오래 보관할 수 있다. 그러나 잘못된 보관은 산화를 촉진시켜 시술 시 원하는 결과색을 얻기 힘들어 주의하여야 한다.

보관방법

- 햇빛이 들지 않는 서늘한 곳에 보관한다.
- 한 번 덜어낸 과산화수소는 다시 용기에 담지 않는다.
- 납이나 철 등의 금속용기에 담지 않는다.
- 난로 등 화염성이 있는 물체 옆에 보관하지 않는다.
- 사용 후 반드시 마개를 꼭 닫아 보관한다.

(4) 기 타

정제수, 계면활성제, 모발트리트먼트제 등으로 구성되어 있다.

제4절 탈색 실습

탈색이란 모발이 가지고 있는 자연색소(멜라닌)를 제거하는 것으로 어두운 모발을 밝고 선명한 컬러로 표현하고 싶을 때 사용된다.

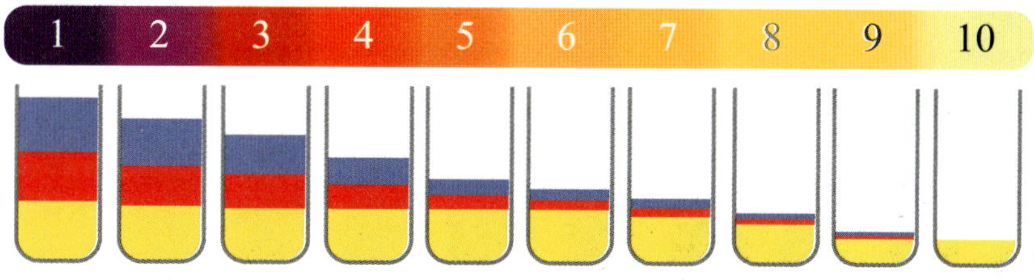

탈색제를 모발에 도포하여 시간이 흐르면 유멜라닌을 제거하여 점차 페오멜라닌만 남게 되어 노란색으로 나타난다.

1. 시간에 따른 모발색의 변화

동일한 탈색제와 산화제의 혼합으로 1레벨 웨프트에 도포하여 1레벨부터 10레벨까지 레벨스케일을 만든다.

(1) 준비물

블리치 레벨스케일표, 1레벨 웨프트(11개), 블리치파우더, 산화제(6%), 호일, 랩, 분무기, 타이머, 염색볼, 염색붓, 저울, 장갑, 앞치마, 샴푸, 린스

(2) 탈색 실습과정

① 실습자는 앞치마와 장갑을 작용하고 책상 위에 염모제가 묻지 않도록 랩을 사용하여 책상을 감싸준다.

② 1레벨의 웨프트는 그대로 1레벨의 위치에 붙여놓는다.

③ 블리치파우더와 6% 산화제를 제조사의 사용법에 따라 혼합하여 탈색제를 만든다.

④ 책상 위에 호일을 깔고 그 위에 9개의 웨프트에 준비된 탈색제를 도포한다.

⑤ 시간을 체크하며 명도가 변하는 것을 확인하여 2레벨부터 각 레벨의 명도에 맞게 탈색이 되면 레벨 스케일표에 방치시간을 체크하고 샴푸와 린스를 한다.

⑥ 방치시간 30분이 지나면 남은 웨프트를 샴푸한 후 드라이로 건조하여 10레벨의 명도가 나올 때까지 ②~⑤의 과정을 반복한다.

⑦ 2레벨부터 10레벨까지 모든 명도의 웨프트가 만들어지면 깔끔하게 정리하여 레벨 스케일표에 붙인다.

혼합비율										
레 벨	1Lv	2Lv	3Lv	4Lv	5Lv	6Lv	7Lv	8Lv	9Lv	10Lv
탈색 전										

블리치 레벨스케일

학 번	
(반) 이름	(　　) 반

방치시간										
레 벨	1Lv	2Lv	3Lv	4Lv	5Lv	6Lv	7Lv	8Lv	9Lv	10Lv
탈색 전										

2. 산화제의 농도에 따른 모발색의 변화

4레벨의 웨프트에 블리치파우더와 3%, 6%, 9%의 산화제를 각각 동일한 비율로 혼합하여 탈색 시 각 산화제의 농도에 따른 모발색의 차이를 알아본다.

(1) 준비물

탈색차트-I, 4레벨 웨프트(4개), 블리치파우더, 산화제(3%, 6%, 9%), 호일, 랩, 분무기, 타이머, 염색볼, 염색붓, 저울, 장갑, 앞치마, 샴푸, 린스

(2) 탈색 실습과정

① 실습자는 앞치마와 장갑을 작용하고 책상 위에 염모제가 묻지 않도록 랩을 사용하여 책상을 감싸준다.

② 탈색 전에 4레벨 웨프트를 탈색차트에 붙인다.

③ 블리치파우더와 3%, 6%, 9%의 산화제를 제조사의 방법에 따라 동일한 혼합비율로 혼합하여 각각 탈색제를 만든다.

④ 책상 위에 호일 3장을 깔고 각 호일에 준비된 탈색제를 사용하여 4레벨의 웨프트에 도포하여 호일로 감싼다.

⑤ 자연방치 40분 후에 샴푸와 린스를 하여 드라이로 건조한다.

⑥ 탈색된 웨프트를 깨끗하게 정리하여 탈색차트에 붙인다.

3. 산화제의 혼합비율에 따른 모발색의 변화

블리치파우더와 6%의 산화제를 1:1, 1:2, 1:3의 비율로 혼합하여 탈색 시 각 산화제의 혼합비율에 따른 탈색의 차이를 알아본다.

(1) 준비물

탈색차트-Ⅱ, 4레벨 웨프트(4개), 블리치파우더, 산화제(6%), 호일, 랩, 분무기, 타이머, 염색볼, 염색붓, 저울, 장갑, 앞치마, 샴푸, 린스

(2) 탈색 실습과정

① 실습자는 앞치마와 장갑을 작용하고 책상 위에 염모제가 묻지 않도록 랩을 사용하여 책상을 감싸준다.
② 탈색 전에 4레벨 웨프트를 탈색차트에 붙인다.
③ 블리치파우더와 6%의 산화제를 1:1, 1:2, 1:3의 비율로 혼합하여 각각 탈색제를 만든다.
④ 책상 위에 호일 3장을 깔고 각 호일에 준비된 탈색제를 사용하여 4레벨의 웨프트에 도포하여 호일로 감싼다.
⑤ 자연방치 40분 후에 샴푸와 린스를 하여 드라이로 건조한다.
⑥ 탈색된 웨프트를 깨끗하게 정리하여 탈색차트에 붙인다.

산화제 농도	탈색전 웨프트 (4레벨)	6%	6%	6%
혼합비율(방치시간)		1:1(40분)	1:2(40분)	1:3(40분)

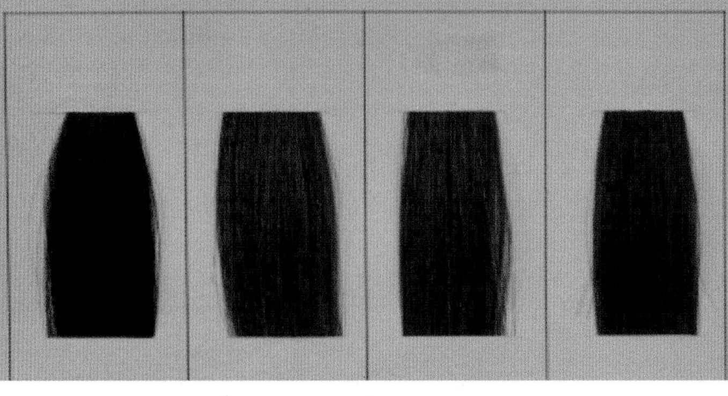

탈색차트-I
산화제의 농도에 따른 탈색차이

학　번	
(반) 이름	(　　) 반

산화체 농도	탈색전 웨프트 (4레벨)	3%	6%	9%
혼합비율(방치시간)				

탈색차트-I

산화제의 혼합비율에 따른 탈색차이

학 번	
(반) 이름	( ) 반

산화체 농도	탈색전 웨프트 (4레벨)	6%	6%	6%
혼합비율(방치시간)		1:1 (40분)	1:2 (40분)	1:3 (40분)

제5절 내추럴브라운 레벨스케일

1레벨부터 10레벨까지의 알칼리산화 염모제를 사용하여 염색했을 때 실질적인 모발색의 변화를 알아본다.

(1) 준비물

내추럴브라운 레벨스케일표, 1레벨 웨프트(11개), 알칼리산화 염모제(내추럴계열 1레벨~10레벨), 산화제(6%), 호일, 랩, 분무기, 타이머, 염색볼, 염색붓, 저울, 장갑, 앞치마, 샴푸, 린스

(2) 실습과정

① 실습자는 앞치마와 장갑을 작용하고 책상 위에 염모제가 묻지 않도록 랩을 사용하여 책상을 감싸준다.

② 레벨스케일표의 염색 전에 준비된 버진헤어명도의 웨프트를 붙인다.

③ 레벨 1의 웨프트에 1레벨부터 10레벨까지의 1제와 6%의 산화제를 제조사의 사용법대로 혼합하여 염모제를 만든다.

④ 책상위에 호일을 깔고 준비된 염모제를 1레벨의 웨프트에 도포하여 호일로 감싼다.

⑤ 자연방치 40분 후에 샴푸와 린스를 하여 드라이로 건조한다.

⑥ 염색된 웨프트를 깨끗하게 정리하여 레벨스케일표에 붙인다.

사용약제										
2제 농도										
혼합비율										
방치시간										

염색 전	1Lv	2Lv	3Lv	4Lv	5Lv	6Lv	7Lv	8Lv	9Lv	10Lv

내추럴브라운 레벨스케일

알칼리산화염모제

학 번	
(반) 이름	( ) 반

사용약제										
2제 농도										
혼합비율										
방치시간										

염색 전	1Lv	2Lv	3Lv	4Lv	5Lv	6Lv	7Lv	8Lv	9Lv	10Lv

Chapter 5
헤어 컬러링
(염색실습)

Chapter 5

헤어 컬러링(염색실습)

제1절 염색 도구 및 기기

(1) 빗 (테일 콤, 꼬리빗)

블로킹을 하거나 염모제와 탈색제 도포에 사용한다. 하이라이트용 테일 콤 빗의 꼬리부분은 금속으로 예리하게 만들어져 있어서 매쉬나 슬라이스에 사용이 유리하다.

(2) 염색용 브러쉬

염모제와 탈색제 도포 시 사용한다. 약액의 성질이 다르므로 반영구염모제, 산화 영구염모제, 탈색용 등을 구분한다.

(3) 염색 볼

염색약을 담는 그릇으로 플라스틱 볼이나 세라믹 볼을 사용한다. 금속 볼은 피한다.

(4) 쉐이커

볼과 같은 개념으로 1제와 2제를 쉐이커에 넣고 흔들어서 약제를 혼합할 때 사용한다.

(5) 비닐 캡

산성 염료나 전체 탈색 시 모발에 온도를 유지하기 위해 사용한다.

(6) 튜브 짜개 (핀치 롤러)

튜브에 들어 있는 크림타입의 1제를 롤러의 끝부분에 끼우고 손잡이를 돌리면 염모제를 덜어 쓸 수 있다.

(7) 컬러트레이

모발 염탈색 시 손쉽게 필요 도구를 사용할 수 있도록 정리해 놓는 이동식 세트 도구이다. 약제가 트레이 위에 묻지 않도록 주의한다.

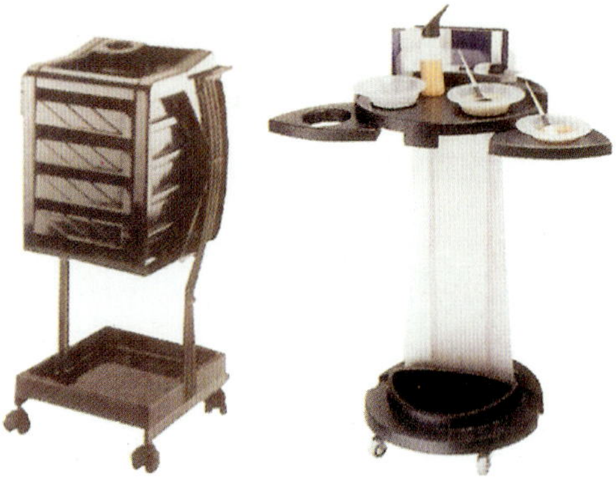

(8) 염색보

염색보는 고객의 옷이나 피부를 보호하기 위해 사용한다. 방수효과가 있는 무릎 길이의 긴 사이즈가 적합하다.

(9) 매쉬 팔레트

하이라이트, 로우라이트 테크닉을 할 때, 매쉬를 떠서 매쉬 팔레트 위에 올려놓고 브러쉬로 도포한다.

(10) 호 일

슬라이스 테크닉, 하이라이트, 로우라이트 테크닉에 사용한다.

(11) 클 립

클립은 머리를 섹셔닝할 때 사용하며, 다양한 컬러와 스타일에 이용 가능하다.

(12) 앞치마

비닐로 된 앞치마는 방수 효과가 좋으며, 약액을 제거하기 쉽다.

(13) 장 갑

시술자의 손을 보호하기 위해 사용되며, 폴리우레탄, 고무 재질로 만들어진다.

제2절 염모제 선택 기준

1. 블리치 레벨

(1) 멜라닌

모발과 피부, 그리고 육안 내의 색소는 실제로 인종과 각 사람에 따라서 생산량이 모두 다르며 주로 검정색 색소와 관련되는데 이 색소를 멜라닌(melanin)이라고 부른다.

(2) 멜라닌의 종류 및 특성

모발의 색은 모발 중에 함유되어 있는 멜라닌 색소량이 많고 적음에 따라 결정된다. 검은색과 흑갈색 모발은 유멜라닌 색소에 의해 노란색과 붉은색 모발은 페오멜라닌 색소에 의해 색이 결정된다.

두 종류의 멜라닌 색소는 크기, 양, 합성에 따라 색이 달라진다. 멜라닌 과립이 크고, 많으면 빛을 흡수하기 때문에 검은 빛을 띠게 되고, 멜라닌 과립이 거의 없으면 빛이 반사되어 흰빛을 띠게 된다.

멜라닌 양이 많은 순서로는 흑색>갈색>적색>금색>백색 순이다. 과립의 크기도 큰 쪽은 흑색이며 작아지면 적색과 갈색에 가깝게 된다. 이들 과립은 모구부의 모모세포 부근에 존재하는 멜라노사이트 색소형성세포로서 아미노산의 일종인 티로신에서 티로신 산화효소에 따라 산화 중합되어 멜라닌 과립이 된다.

표 5-1 모발색과 멜라닌 색소와의 관계

모발의 색	Eumelanin	Pheomelanin
흑갈색	많음	미량
밤 색	중간	적음
적 색	적음	중간
금 색	미량	많음
백 색	미량	미량

① 유멜라닌 (eumelanin, 입자형 색소)

갈색과 검은색을 나타내는 색소로서 흑인이나 동양인들의 피부나 모발색을 결정하고, 유멜라닌이 크고 많을수록 모발의 색은 어두워진다. 페오멜라닌보다 크기가 크며 막대모양으로 전자현미경을 통해서 구조를 관찰하면 길이가 0.8~1.2mm이고 두께는 0.3~0.4mm 정도의 쌀알 형태로 되어있다.

② 페오멜라닌 (pheomelanin, 분사형 색소)

노란색이나 빨간색을 나타내는 색소로서 주로 서양인들의 피부나 모발색을 결정하고, 페오멜라닌이 많을수록 모발의 색은 밝아진다. 유멜라닌에 비해 색소 미립자가 훨씬 더 작고 원형의 좁쌀 모양으로 평면이 움푹 들어가 있다.

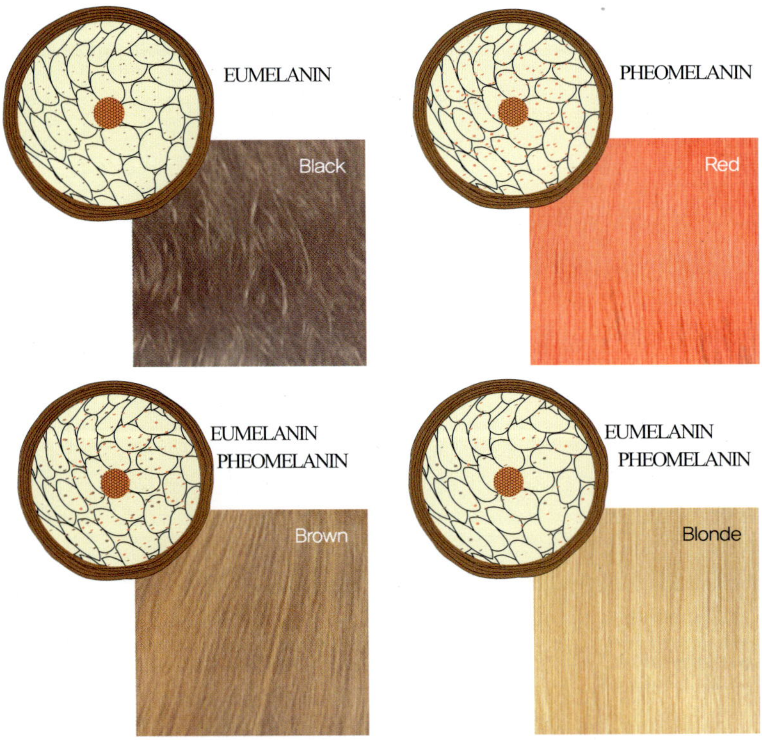

그림 5-1 멜라닌 분포에 따른 모발 색상

(3) 블리치 레벨 10단계

모발이 탈색되면 모발의 색이 점차로 밝아지는데, 이렇게 모발의 색이 변화되어 가는 단계를 10등급으로 나누어 숫자로 표시한 것을 탈색 레벨이라고 한다. 즉 어두운 갈색의 모발은 처음 붉은색으로 탈색되고 붉은색은 점차 오렌지색으로 밝아지며, 점차 시간이 지남에 따라 오렌지색에서 매우 밝은 노랑색으로 변하게 된다.

2. 자연모 명도

사람은 모발이 가지고 있는 천연색소인 멜라닌의 유형과 양에 따라 밝고 어두운 정도가 다른데 이를 숫자로 표시한 것을 레벨 혹은 명도라고 부른다. 자연모발의 색상은 명도 1의 흑색에서부터 명도 10의 매우 밝은 황갈색까지 있으며, 모든 나라가 동일한 명도체계방식을 취한다.

동양인에게서 흔히 볼 수 있는 명도 4와 서양인에게서 흔히 볼 수 있는 명도 7을 기준으로 명도의 체계를 정했으나 보통 동양인의 경우에는 명도 3과 명도 4 정도의 밝기를 가진다.

남성인 경우에는 명도 2 정도로 여성의 모발보다 조금 어두운 모발의 밝기를 가진다. 또한 한국인은 대부분 조금 어두운 명도 2~3 정도를 가지고 있는 것에 반해 유럽인의 경우에는 명도 6 정도로 동양인에 비해 훨씬 밝은 모발을 가지고 있다.

	자연모 레벨		블리치 레벨	
10.0	가장 밝은 황갈색 Lightest Blonde			페일 옐로우
9.00	아주 밝은 황갈색 Very Light Blonde			라이트 옐로우
8.00	밝은 황갈색 Light Blonde			옐로우
7.00	황갈색 Blonde			옐로우 오렌지
6.00	어두운 황갈색 Dark Blonde			오렌지
5.00	밝은 갈색 Light Blonde			레드 오렌지
4.00	갈색 Brown			레드
3.00	어두운 갈색 Dark Brown			레드
2.00	아주 어두운 갈색 Darkst Brown			바이올렛
1.00	흑색 Black	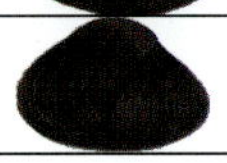		블랙

그림 5-2 자연모 레벨과 블리치 레벨

3. 반사 빛

염모제의 명도와 반사빛은 . / – 등으로 표기하고 . / – 앞에는 명도를 뒤에는 반사빛을 표기한다. 명도는 숫자로 나타내고 반사빛은 숫자나 영어 대문자로 표기한다. 염모제를 읽을 때는 뒤부터 앞으로 순서대로 반사빛 먼저 읽고 명도를 읽으며, ~빛 ~로 읽는다. 예를 들어 5.4는 .을 기준으로 앞의 5는 명도, 뒤의 4는 반사빛을 나타내며 구리빛 밝은 갈색으로 읽는다.

(1) 브랜드에 따른 염모제의 반사 빛 체계

① 명도(base) : 5/0 색상 (반사빛)
　　5 명도 : 밝은 갈색

② 이중 반사빛 : 6.45 자주구리빛 어두운 황갈색(로레알 기준)
　　4 (1차 반사빛 : 구리빛)
　　5 (2차 반사빛: 자주빛 혹은 레드)

문제 1 로레알 염모제 7.3을 읽어 보시오.
문제 2 웰라 염모제 1/11을 읽어보시오.

AMOS (.표기)

.00 (라이트너)
.1 (잿빛)
.2 (매트)
.3 (골드)
.4 (오렌지)
.5 (레드)
.6 (마호가니)
.7 (보라)

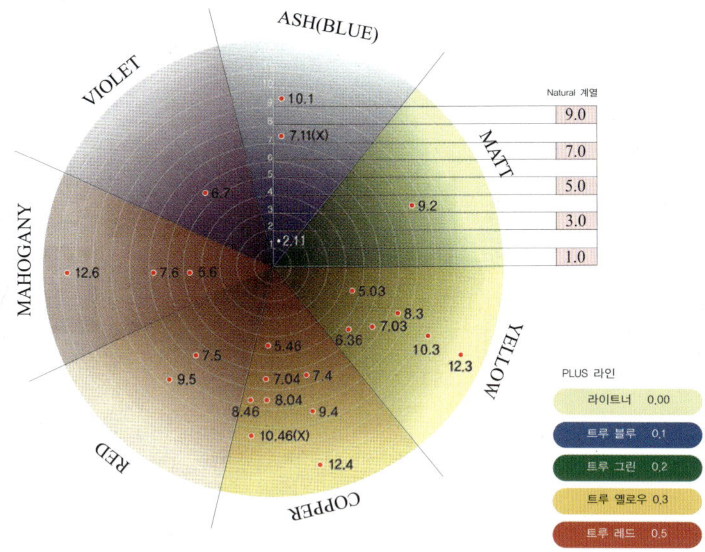

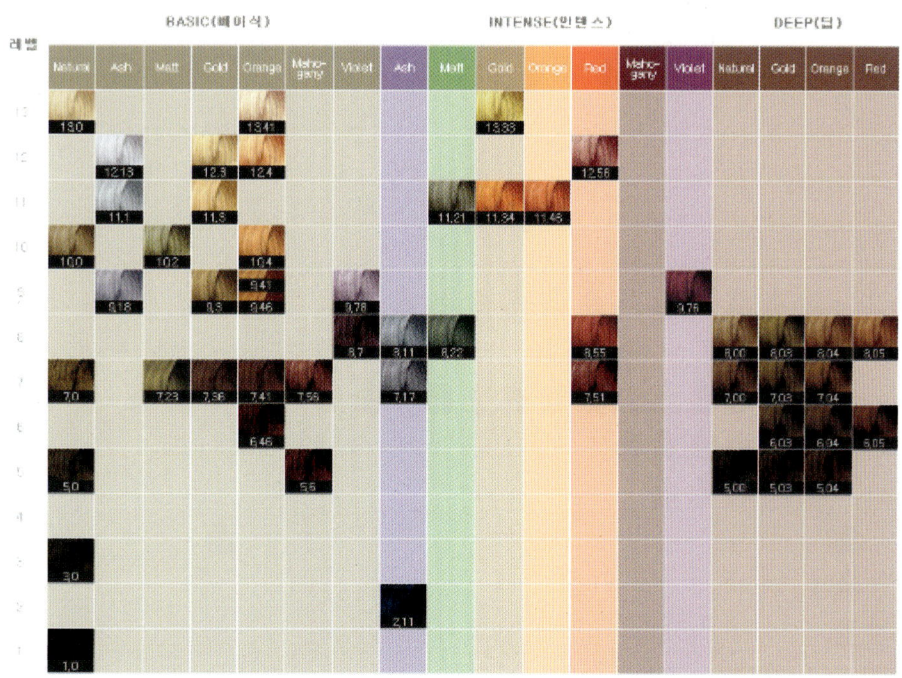

WELLA (/표기)

/00 (명도조절)	/44 (캐롯 오렌지)	/88 (블루 실버)
/11 (잿빛)	/45 (체리 레드)	/17 (잿빛 브라운)
/2 (매트)	/5 (로즈)	/7 (브라운)
/3 (골드)	/6 (보라)	/47 (레드 브라운)
/4 (오렌지베이지)	/68 (핑크 펄)	

구 분	NATURE CONTROL 네이쳐 컨트롤	PURE 퓨어											BROWN 브라운		
Tone	00	11	2	3	34	44	45	5	6	68	88	17	7	47
Level	Nature Control 네이처 컨트롤	Ash Gray 애쉬 그레이	Matt 매트	Yellow 옐로우	Orange Beige 오렌지 베이지	Carrot Orange 캐럿 오렌지	Cherry Red 체리 레드	Rose 로 즈	Violet 바이올렛	Pink Pearl 핑크 펄	Blue silver 블루 실버	Ash Brown 애쉬 브라운	Brown 브라운	Red Brown 레드 브라운

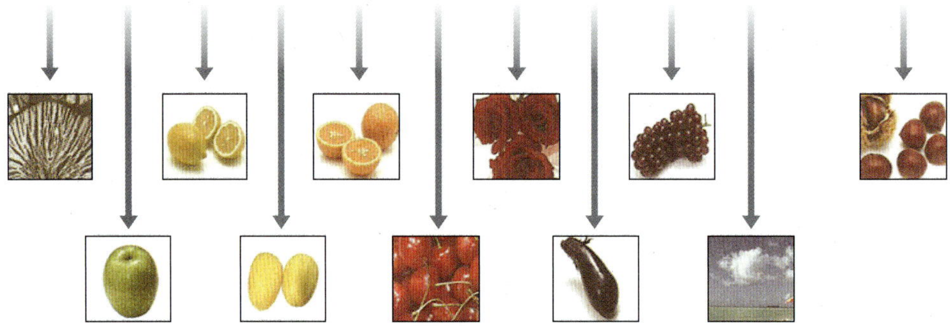

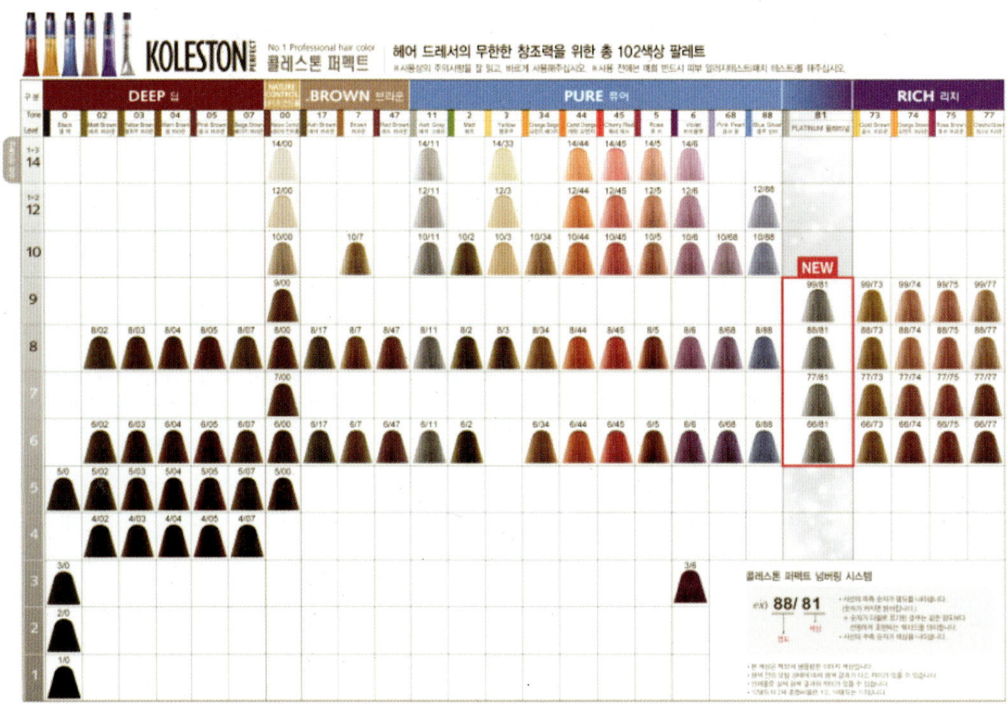

LOREAL (.표기)

.1 (잿빛)

.2 (보라)

.3 (금빛)

.4 (구리빛)

.5 (자주빛)

.6 (적빛)

.7 (매트)

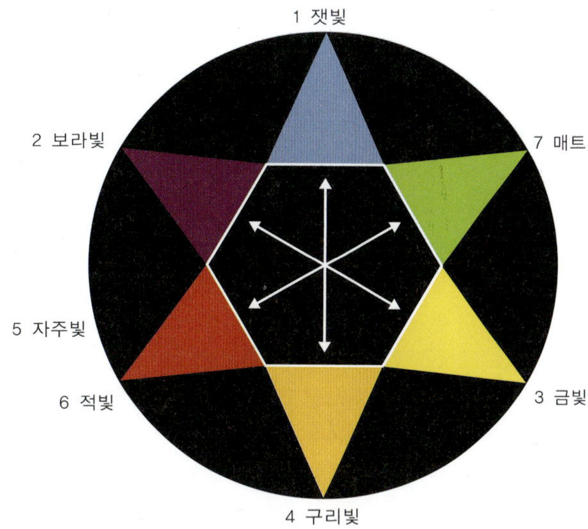

밀본 (−표기)

−10 (잿빛)　−20 (매트)　−30 (골드)　−40 (오렌지)　−50 (레드)　−60 (보라)

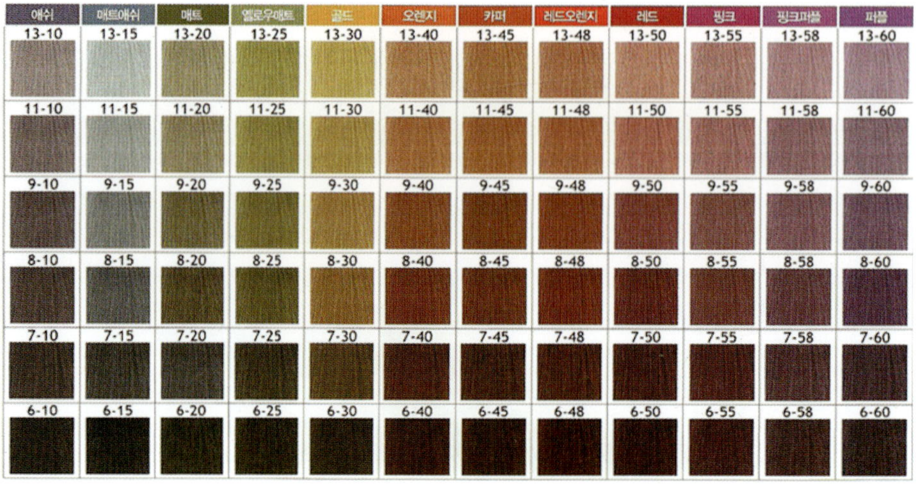

그림 5-3 브랜드별 반사빛 비교

시세이도 (−표기)

N(뉴트럴)　Wbe(웜베이지)　M(매트)　LA(라벤더)

R(레드)　Be(베이지)　AM(아쿠아 매트)　V(바이올렛)

O(오렌지)　YBe(옐로우베이지)　PM(플래티넘 매트)　P(핑크)

Cobe(코랄베이지)　Mbe(매트베이지)　PA(플래티넘 애쉬)　BaP(베이비핑크)

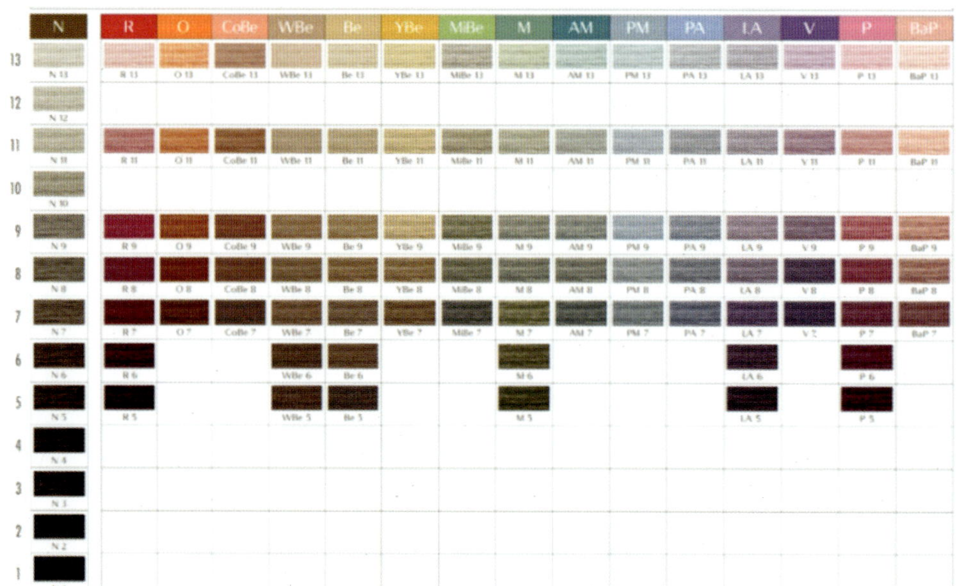

(2) 컬러 일치성

색의 일치성이란 고객이 원하는 색상으로 표현하기 위해 현재 색상과 원하는 색상의 관계를 나타낸다. 염색을 할 때 현재 모발이 가진 색조와 원하는 컬러의 색조가 일치해야만 원하는 컬러를 정확하게 볼 수 있다.

서로 다른 계열은 일치성이 없으며, 난색계와 한색계가 만날 시 중화가 된다.

.3(노랑)에서 .6(마호가니)까지 순방향으로 일치성이 있으며 역순으로는 일치성이 없다. .7(보라 혹은 매트), .2(보라 혹은 매트), .1(잿빛)은 한색계열로 순방향이든 역순이든 간에 일치성이 없다.

예1 .3(노랑)의 반사빛 모발을 가진 고객님이 .5(레드)의 반사빛 모발을 선호할 경우 일치성이 있다고 한다.

예2 .7(보라 혹은 매트)의 반사빛 모발을 가진 고객님이 .4(오렌지)의 반사빛을 선호할 경우 일치성이 없다.

	LOREAL	AMOS	WELLA
.1	잿빛	잿빛	잿빛
.2	보라	매트	매트
.3	골드	골드	골드
.4	오렌지	오렌지	오렌지
.5	자주	레드	레드
.6	적빛	마호가니	보라
.7	매트	보라	브라운

제3절 염색준비

1. 헤어 컬러리스트

작업하기 편하고 깔끔한 복장과 장갑, 앞치마를 착용하여 보호한다.

2. 고 객

(1) 패치테스트란?

영구염색을 원하는 고객의 피부에 대한 알레르기반응을 검사하는 테스트로 염모제에 들어있는 염료 및 화학성분에 대해 알레르기 유 · 무를 판별하는 매우 중요한 테스트이다.

(2) 패치테스트 방법

① 고객에게 사용할 염모제와 산화제를 사용방법대로 소량 혼합하여 준비한다.

② 팔의 안쪽 또는 귀 뒤쪽 머리카락 주변의 피부를 알코올로 적신 솜으로 소독한다.

③ 준비된 염모제를 소독한 부위에 동전크기만큼 바른다.

④ 자연건조 후 물로 씻지 말고 그대로 48시간 방치한 다음 피부에 나타나는 반응을 살핀다.

(3) 패치테스트 결과

① **양성반응** : 테스트 부위가 붉어지거나 가렵고, 물집이 생기는 등 피부에 알레르기 반응이 나타나는 결과로 절대 모발에 염색시술을 해서는 안 된다.

② **음성반응** : 테스트 부위에 아무런 변화가 없는 경우이며, 그대로 염색시술을 진행해도 된다.

check point

염색과정에서 주의할 점

패치테스트 결과가 음성반응일지라도 염색시술 도중 다음과 같은 증상이 나타나면 즉각 염색시술을 중단하고 염모제를 씻어낸 후 병원에 내방하여 처치를 받아야 한다.

- 두피가 따갑고 아플 경우
- 눈이 따가우면서 통증이 있을 경우
- 페이스라인과 목 부분이 붉어지거나 부어오를 경우
- 이 밖에 고객이 염색으로 인해 불편을 호소할 경우

3. 염색과정

염색시술은 크게 염색 시술 전 과정과 염색 본 과정으로 나누어 살펴본다.

염색 시술 전 과정	염색 본 과정
• 상담 • 두피 및 모발진단 • 패치테스트 • 고객카드작성 • 모발 염색 디자인 결정	• 색상 및 염모제 선정 • 블로킹 • 약제혼합 • 약제도포 • 방치시간 • 스트랜드테스트 • 유화 • 샴푸 & 트리트먼트 • 마무리 & 홈케어 어드바이스

(1) 염색 시술 전 과정

1) 상 담

염색시술에 있어 가장 중요한 단계로 전반적인 염색을 디자인하는 기초가 된다.

① 충분한 시간을 가지고 고객과의 자연스러운 대화를 통해 고객을 이해하는 시간을 갖는다.

② 컬러차트나 잡지 등을 사용하여 고객의 마음속에 생각하고 있는 컬러를 파악하여 서로 충분히 이해한다.

③ 고객의 모발상태를 체크하여 고객이 원하는 컬러에 대해 그 결과 및 과정을 설명한다.

④ 고객의 취미, 직업, 나이 등의 라이프스타일과 눈동자색, 피부톤 등의 퍼스널 컬러를 파악한다.

check point

필수 체크 포인트

- 화학제품의 사용여부
- 알칼리산화염색 및 기타 염색시술 여부
- 어두운 색조(블랙 등)의 시술 여부
- 마지막 염색시술 시기

2) 두피 및 모발진단

① 두피에 상처나 염증 등이 있는지 확인하여 문제가 있을 경우 염색시술을 피한다.

② 시진, 촉진 등을 이용하여 모발상태를 파악한다.

3) 패치테스트

사용할 염모제와 산화제를 사용법대로 혼합하여 패치테스트를 한다.

4) 고객카드작성/염색디자인 결정

상담을 통해 고객이 원하는 컬러와 이미지, 모발진단 결과를 토대로 고객카드와 함께 염색디자인을 결정한다.

고객카드

시술날짜(date):
시술자(technician):

성명(name) :	연락처(tel) :	주소(address) :
생년월일(date of birth) :	직업(job) :	취미(hobby) :

고객의 이미지 : 페미닌 / 모던 / 엘레강스 / 내추럴 **스킨톤 :** 웜 톤 / 쿨 톤
조명 : 햇빛 / 백열광 / 형광등

시술 전 염색과 펌 시술 내용 :

염색 전 상태

- 신생부의 길이(length of regrowth):
- 신생부의 베이스 컬러(base color of regrowth):
- 기염부의 길이(length of coloring hair):
- 기염부의 베이스 컬러(base color of coloring hair):
- 백모분포(% of whith hair): ( )%
- 모발의 민감도의 정도(degree of sensitization)
  (극손상모 / 손상모 / 보통모 / 건강모 / 강모)
- 모발의 굵기의 정도(thick of sensitization)
  (가는모 / 보통모 / 굵은모)

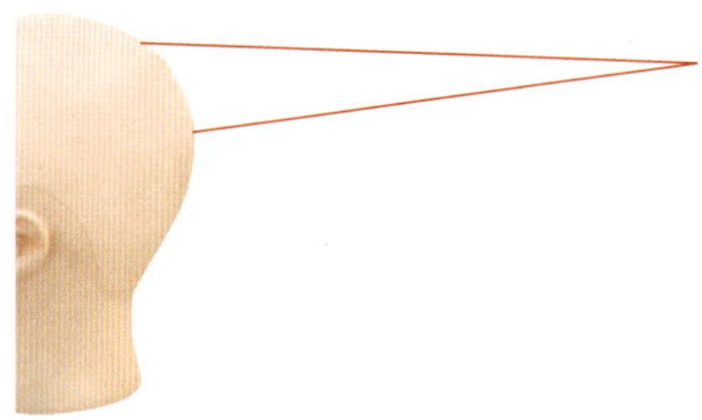

고객의 요구 – 원하는 색상과 이미지(desired color and image):

염색 디자인

- 도포테크닉
- 염모제의 선택(choice of hairdye):
- 산화제의 선택(choice of oxydant):
- 혼합(mixture):
- 모근 부분 시술 방치시간:
  (root application develoment time)
- 길이 시술 방치시간:
  (lengths application develoment time)

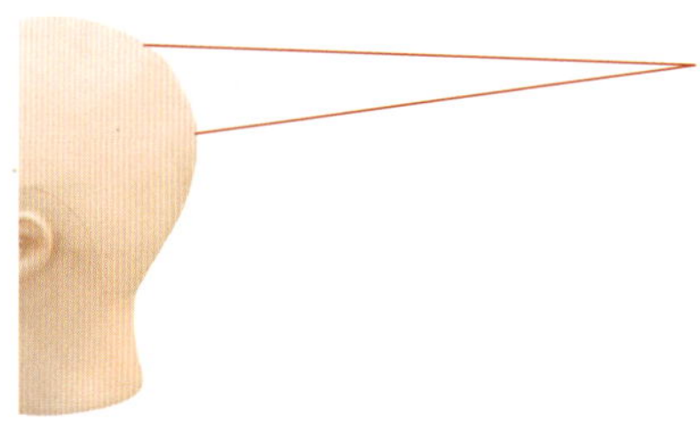

시술 전 테크닉(technique before application) : 블로킹(blocking), 섹셔닝(sectioning), 슬라이싱(slicing)

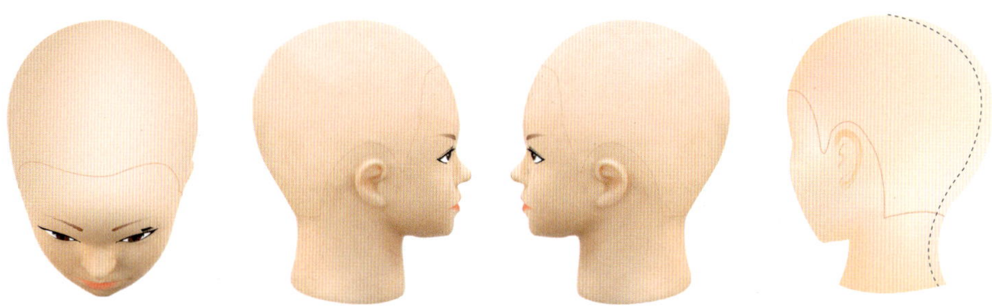

미용실에서 사용된 헤어케어 (hair care applied in the salon):	시술 전:
	시술 후:

홈케어 어드바이스
(recommended beauty follow-up):

경 도 단단하다 ~ 부드럽다

진단방법: 촉진

큐티클의 두께 = 탄력이 [있다·없다]
모다발을 손가락으로 둥그스름하게 말아 튕기면서 체크

두 께 두껍다 ~ 가늘다

진단방법: 촉진

모발의 두께 [가늘다·두껍다]

모 량 많다 ~ 적다

진단방법: 촉진

투영감 [있다·없다]
모발을 비췄을 때와 내렸을 때의 차이를 확인

발수성 발수 ~ 흡수

진단방법: 시진

진단 방법 시진
유분량이 많다 = 발수 유분량이 적다 = 흡수
피부(이마)가 지성인지? 건성인지?
드라이할 때의 수분 건조 스피드의 확인
촉진 버진모 윤기의 정도

그림 5-4 모발 및 두피 진단방법

(2) 염색 본 과정

1) 색상 및 염모제선정

염색 시술 전 과정을 토대로 염모제와 산화제를 준비한다.

check point

- 고객카드작성
- 톤-업 : 명도(업)+채도
- 톤-다운 : 명도(다운)+채도
- 톤-온-톤 : 명도(=)+채도
- 호일워크 위빙 슬라이스 : 하이라이트와 로우라이트를 혼합(입체감+율동감)
- 탈색 : 명도(업)+채도(업)

2) 블로킹

가장 기본적인 정중선과 측중선을 기준으로 4등분한다.
이때 염색디자인에 따라 블로킹은 다양하게 변화를 줄 수 있다.

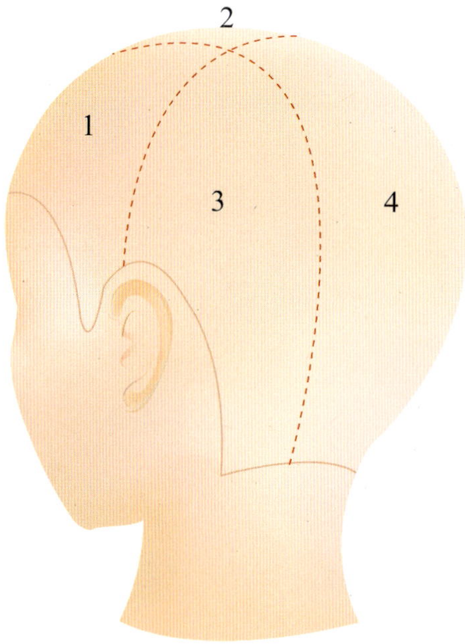

3) 약제혼합

준비된 염모제 1제와 2제를 잘 혼합한다. 이때 1제가 덩어리지는 것이 없도록 충분히 혼합한다. 1제와 2제는 염모제 도포하기 바로 전에 혼합하여 사용한다.

4) 약제도포

① 도포순서

네이프에서 탑으로, 사이드에서 프론트로 진행하면서 도포한다.

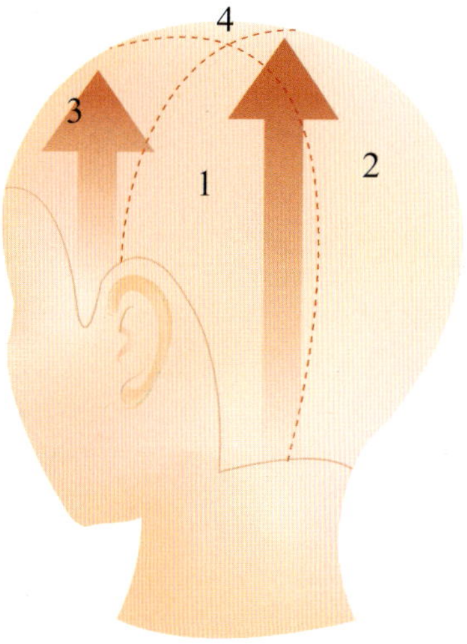

② 기본 도포순서

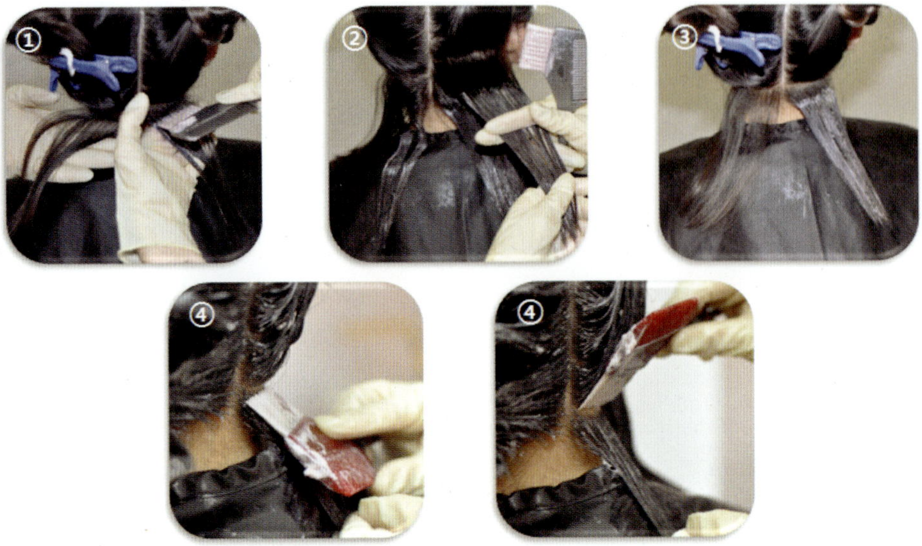

① 머리가 길 경우에는 뿌리에서 1.5cm 정도를 남겨두고 머리 중간부터 도포한다.
② 염모제를 도포한 후 과도한 빗질보다는 검지와 중지를 이용하여 부드럽게 핸들링 해준다.
③ 1차 도포된 상태
④ 1차 도포 후 적정시간 방치 후 신생모 도포

(3) 브러쉬 테크닉

염색 도포 시 염모제의 도포량에 따라 브러시의 각도를 달리하여 효율적인 염색도포를 한다.

브러시의 각도

30°
- 많은 양의 염모제를 도포할 때
- 염색이 잘 안되는 부분
- 백모 뿌리염색 시

45°
- 적당양의 염모제 도포 시
- 가장 일반적으로 사용

90°
- 적은 양의 염모제 도포 시
- 손상모발 끝이나 두피 가까이 사용

(4) 뿌리 도포 테크닉

뿌리부분에 염모제를 도포하는 방법에 따른 장 · 단점을 익혀 시술하는 염색에 맞게 효율적인 염색법을 익힌다.

뿌리 도포 테크닉

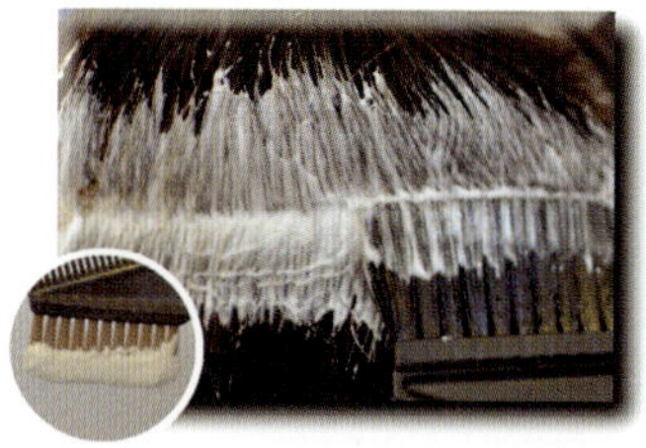

두피에 얹듯이 꼼꼼히 도포	
장점	두피에 가까운 백모까지 완벽히 커버
단점	두피자극을 느끼기 쉽다. 신생모가 자라면 경계가 뚜렷해 진다. 두피에 약제가 묻는 불쾌감이 있다.

두피에 닿지 않게 최대한 두피 가까이 도포	
장점	두피에 약제가 묻는 불쾌감이 없다. 신생모가 자라도 경계가 지지 않는다. 뿌리 부분이 밝아지지 않는다.
단점	두피 가까이의 백모커버가 잘 안될 수 있다.

촘촘한 빗을 이용해서 두피에 닿지 않게 두피 가까이 도포	
장점	두피에 자극이 적고 모량이 적은 모발도 안심. 신생모가 자라도 경계가 뚜렷하지 않다. 뿌리부분이 밝아지지 않는다.
단점	도포량이 적어지므로 염색이 잘 안될 수 있다. 두피부분의 백모커버가 잘 안될 수 있다.

(5) 방치시간

염모제 도포 후 멜라닌 색소가 탈색되고 그 자리에 인공염료가 발색하여 착색되는 시간은 염모제 브랜드에 따라 차이가 있지만 30±5분 정도의 시간이 소요된다.

(6) 스트랜드 테스트

염색을 하면서 계획대로 색상이 잘 나오는지를 알아보는 것으로 염색약 도포후 약 20분 정도 방치 후 두피에서 직경 1cm 정도의 모발 다발을 잡아 수건으로 닦아내어 색상을 확인한다.

색상이 잘 나오면 나머지 시간 방치 후 샴푸를 하고 원하는 색상이 잘 나오지 않으면 그에 따른 조치를 취한다.

(7) 유화 (emulsion)

원하는 색상이 나왔으면 샴푸하기 전에 진행하는 단계로 모발에 소량의 물을 분무하여 두피와 모발을 부드럽게 마사지한다.

장 점

- 모발 및 두피에 잔류하는 약제를 없앤다.(알칼리제거, 틴트제거)
- 부드럽게 주물러 줌으로써 색의 흡착을 좋게 한다.
- 큐티클이 정리되기 때문에 반사빛이 좋아지고 윤기가 난다.

(8) 샴푸 & 트리트먼트

먼저 물을 사용하여 충분히 염모제를 헹궈준 다음 샴푸제를 사용하여 모발 및 두피에 염모제가 잔류하지 않도록 꼼꼼하게 샴푸한다.

샴푸는 알칼리로 기울어진 모발의 pH 밸런스를 맞추기 위해 약산성샴푸를 사용하여 민감해진 두피를 자극하지 않도록 부드럽게 마사지한다. 샴푸 후에는 반드시 트리트먼트제를 사용하여 모발에 보습 및 큐티클을 정리할 수 있도록 한다.

(9) 마무리 & 홈케어 어드바이스

모발의 색상이 아름답게 유지되도록 하기 위해서는 염색 후 72시간까지는 색상의 착색이 안정화되는 시간이므로 가급적 아이롱기 등의 고온의 열기구는 사용하지 않는 것이 좋으며, 염색전용 샴푸나 약산성 샴푸와 트리트먼트를 사용하여 꾸준히 관리해주는 것이 좋다.

마무리 제품으로는 자외선 차단제나 외부의 물리적인 자극으로부터 모발을 보호하기 위해 에센스 등의 오일 트리트먼트를 사용하여 준다.

제4절 염색 실전

1. 알칼리 산화 염색 도포 테크닉

고객의 현재 모발염색 상태에 따른 다양한 염색 도포 테크닉을 익힌다.

(1) 원-터치 도포

두피부분부터 모발 끝까지 한 번에 도포하는 테크닉으로 주로 반영구염모제나 준영구염모제 도포 시 사용한다.

① 두상을 정중선과 측중선을 기준으로 크게 4등분으로 블로킹한다.
② 도포 순서는 네이프를 먼저 도포하고 사이드를 나중에 도포한다.
③ 슬라이스 폭은 1~2cm로 하여 아래에서 위로 도포한다.
④ 모발의 끝부분부터 뿌리 쪽으로 도포한다.

원-터치 도포

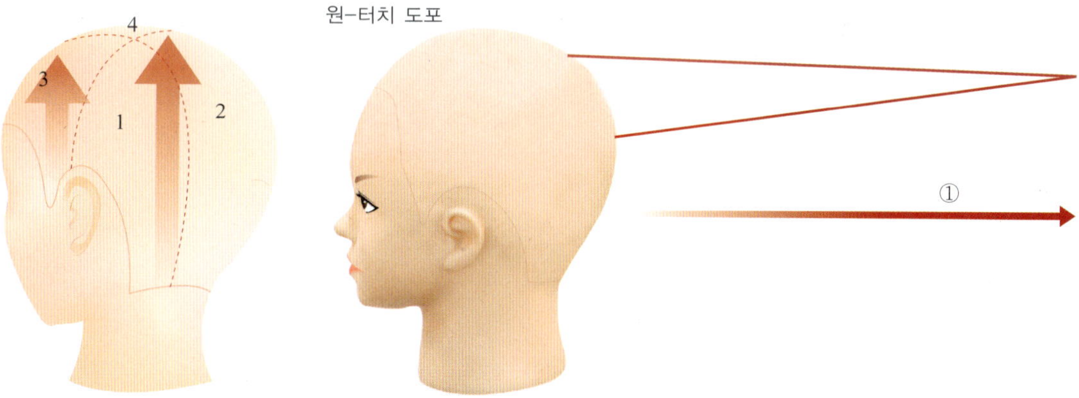

check point

염색도포를 두 명의 미용사가 함께 할 경우 정중선을 중심으로 좌 · 우로 나누어 네이프부터 사이드 순으로 도포하고, 숙달되지 않은 초보미용사가 혼자 도포할 경우 네이프, 백, 크라운, 사이드 순으로 도포한다.

(2) 투-터치 도포

알칼리산화염모제로 염색 시 신생모 부분이 염색이 빨리 진행되므로 신생모 부분을 나중에 도포하는 테크닉으로 약 20cm 미만의 모발에 적용한다.

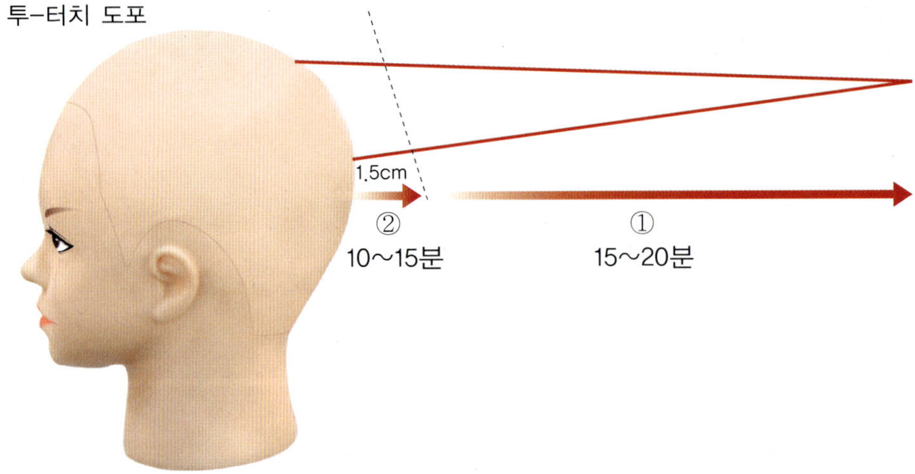

① 두상을 정중선과 측중선을 기준으로 4등분으로 블로킹한다.
② 도포순서는 네이프에서 탑으로 사이드에서 프론트로 진행한다.
③ 모발 끝부터 신생모 부분 약 1.5cm 정도를 제외한 부분까지 도포하고 약 5분 정도 자연방치한다.
④ 컬러체크 후 신생모 부분을 도포하고 약 10～15분 자연방치한다.

(3) 쓰리-터치 도포

알칼리산화염모제로 염색 시 신생모 부분은 염색이 빨리 진행되므로 신생모 부분을 나중에 도포하는 테크닉으로 약 20cm 이상의 모발에 적용한다.

① 두상을 정중선과 측중선을 기준으로 4등분으로 블로킹한다.
② 도포 순서는 네이프에서 탑으로 사이드에서 프론트로 진행한다.
③ 모발 끝부터 신생모 부분 약 20cm 정도를 제외한 부분까지 도포하고 약 5분 정도 자연방치한다.
④ 신생모 부분 약 1.5cm 정도를 제외하고 끝 부분까지 연결하여 도포하고 약 15분 정도 자연방치한다.
⑤ 컬러체크 후 신생모 부분을 도포하고 약 15분 자연방치한다.

쓰리-터치 도포

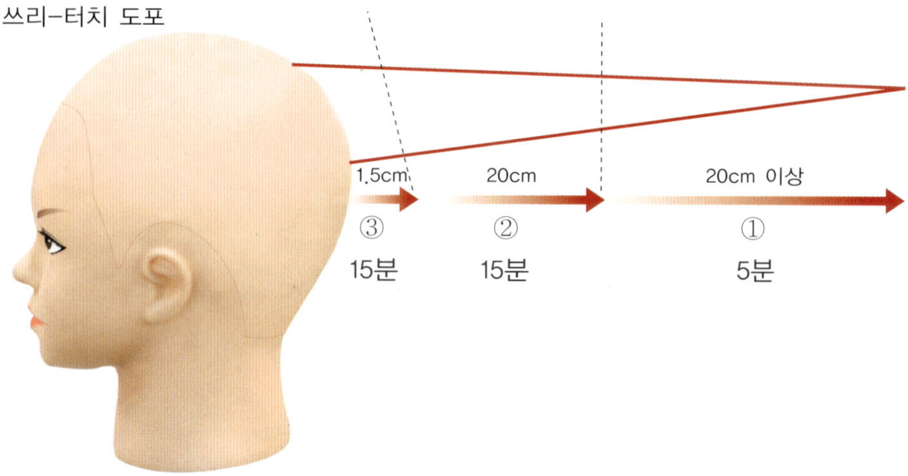

check point

염모제 도포 시 명심해야 할 것은 모발에 균일하게 도포하는 것이다. 염모제가 많이 도포되면 염색진행이 빠르며 밝게 염색이 되고 적게 도포되면 상대적으로 염색진행이 느리며 어둡게 염색이 된다. 균일하게 도포되지 않으면 염색 시 얼룩의 주원인이 된다.

2. 산성컬러염색

(1) 시술 순서

① 산성컬러가 두피에 묻지 않도록 조심하면서 페이스라인과 정중선 측중선을 기준으로 블로킹을 하면서 도포한다.

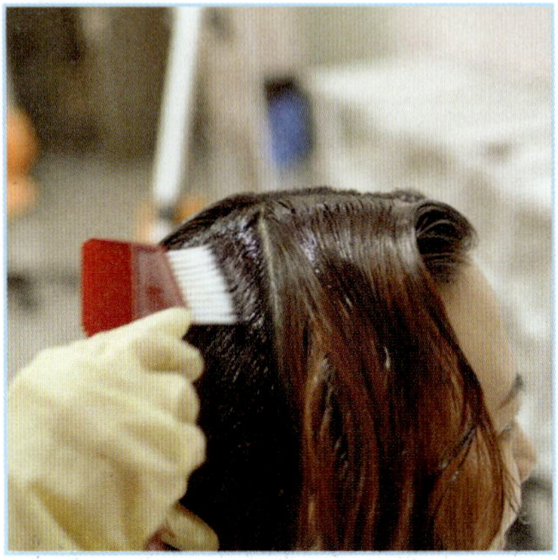

② 붓에 힘을 주지 말고 각도를 줄여서 도포한다.

③ 페이스라인과 정중선, 측중선 기준으로 도포된 상태.

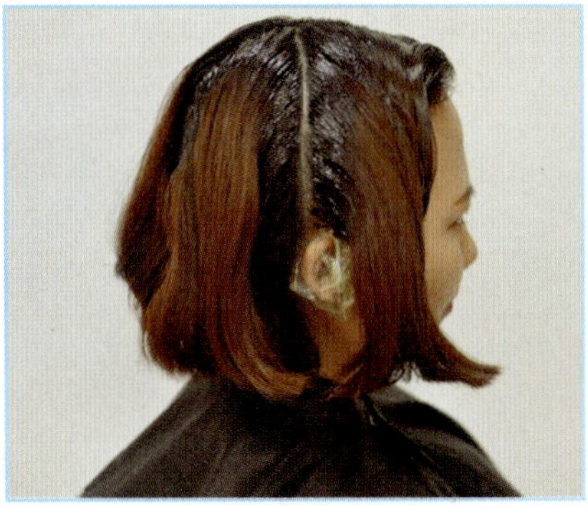

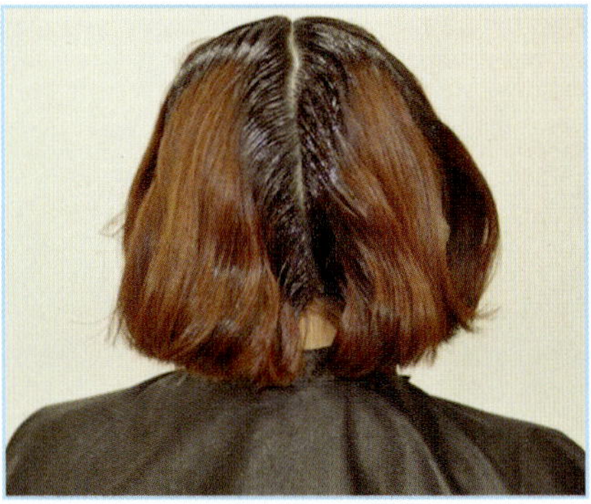

④ 프론트–탑 부분부터 약 2~3cm의 슬라이스를 잡고 두피에서 120° 각도로 빗질하면서 도포한다.

⑤ 모발 중간에 왼손의 검지와 중지를 대고 모발 끝까지 말아준다.

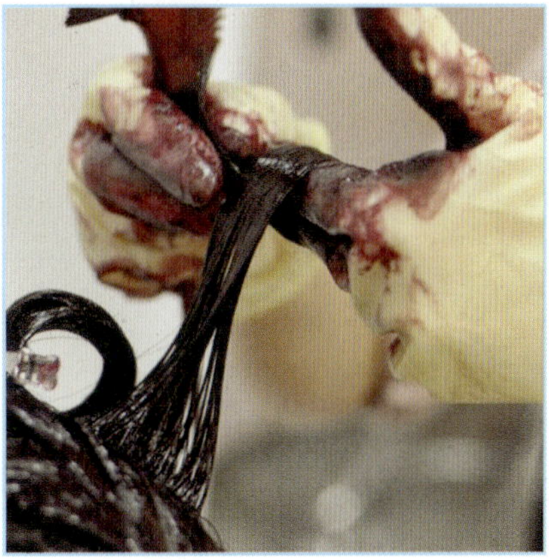

⑥ 말아진 머리가 흐트러지지 않게 조심하면서 손가락에서 모발을 빼준다.

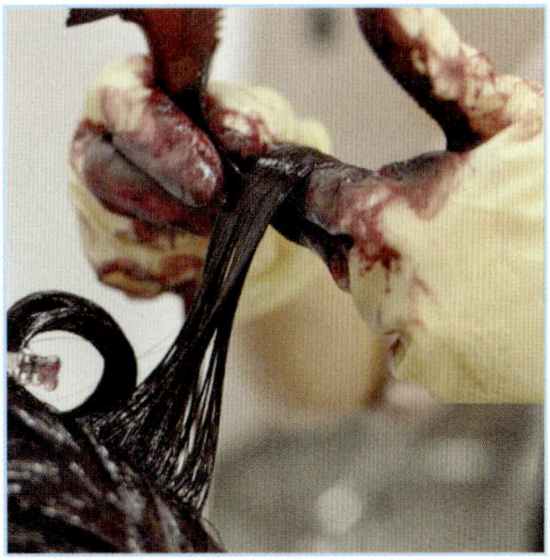

⑦ 나머지 부분을 두피까지 말아준다.

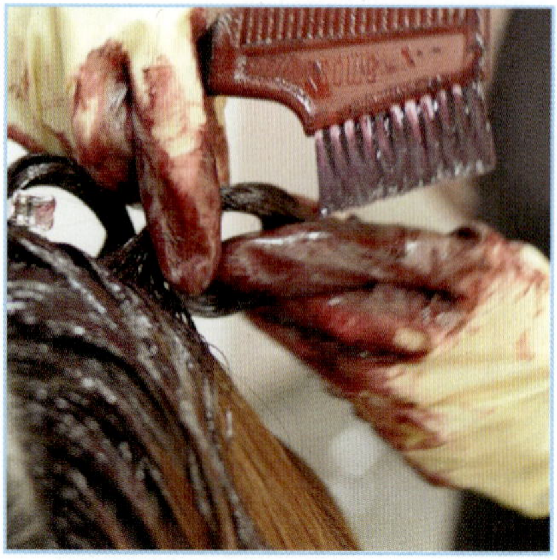

⑧ 핀컬핀을 사용하여 좌, 우에 하나씩 꽂아서 고정시켜 준다.

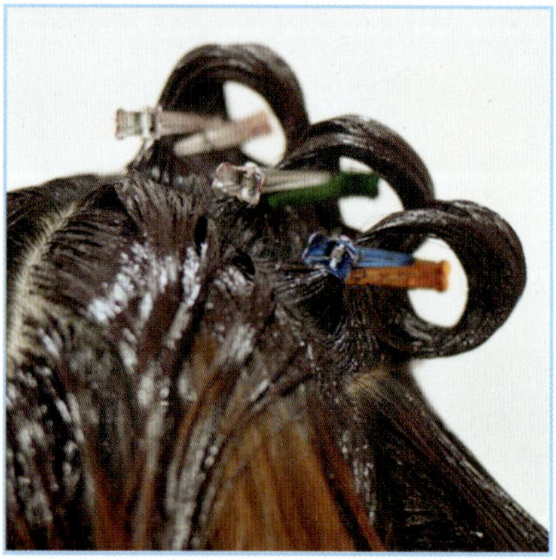

⑨ 롤링기법은 위에서부터 아래로 도포해 주는 것이 깔끔하게 시술할 수 있다.

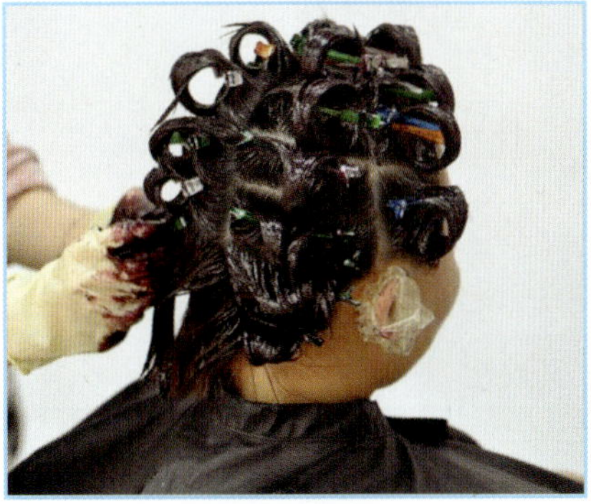

⑩ 롤링기법으로 산성컬러가 도포된 상태

⑪ 도포가 끝나면 두피에 묻은 염모제를 리무버를 사용하여 지워준다.

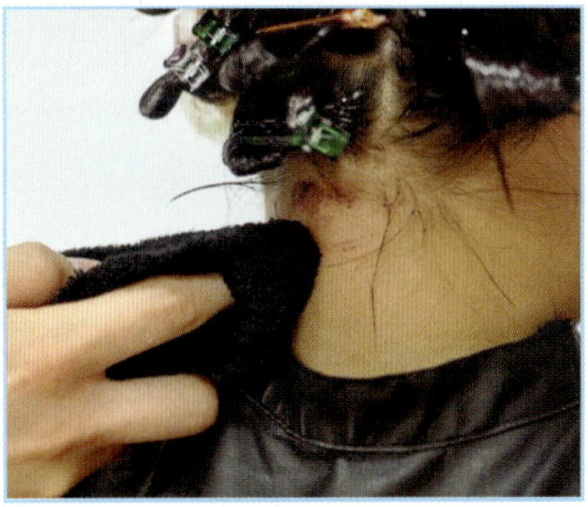

⑫ 랩을 사용하여 모발을 감싸준다. 필요에 따라서 열기구를 사용하여 열처리 해준다.

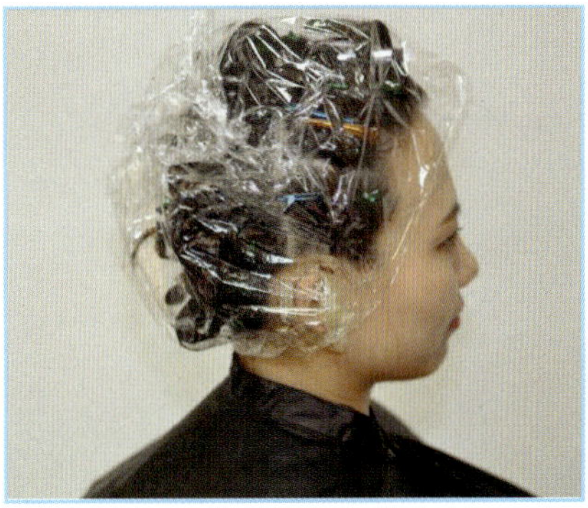

3. 백모염색

(1) 백모 진단

백모커버염색은 백모의 혼합비율 및 모발상태에 따라서 염색결과가 크게 달라지므로 백모진단이 아주 중요하다.

	염색되기 어려운 모발	염색되기 쉬운 모발
백모진단 (눈으로)		
백모진단 (손으로)		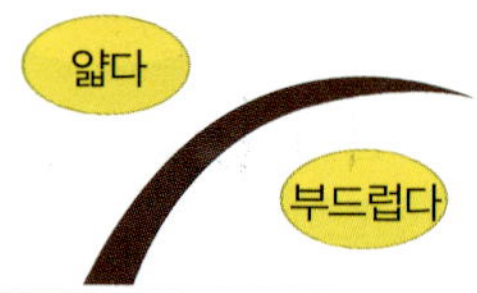
백모진단 (워터스프레이로)		

(2) 색상 및 제품선정

백모커버염색 시 원하는 색상의 결과를 얻기 위해서는 먼저 백모분포량에 따라 희망명도에 따른 사용약제의 명도를 결정하고, 백모를 커버할 수 있는 기본색상과 원하는 색상으로 염색할 수 있는 희망색상의 염모제를 혼합하여 염색해야 한다.

백모율 (기본색:희망색) 희망레벨 (커버력)	10% (1:5)	30% (1:3)	50% (1:1)	70% (3:1)
5Lv	6Lv	5Lv	4Lv	3Lv
6Lv	7Lv	6Lv	5Lv	4Lv
7Lv	8Lv	7Lv	6Lv	5Lv

check point

강모대응법

염색이 되기 어려운 강모의 백모커버염색테크닉
7레벨을 사용할 경우의 적용 테크닉활용법

① 희망레벨보다 1레벨 밝은 레벨의 약제와 1레벨 어두운 약제를 1:1 믹스한다.

예 8레벨+6레벨=1:1

② 하이리프트레벨과 희망레벨보다 1레벨 어두운 약제를 1:1 믹스한다.

예 12레벨+6레벨=1:1

③ 희망레벨과 하이리프트레벨을 5:1 믹스한다.

예 7레벨+하이라이트레벨=5:1

tip 하이리프트레벨은 각 염모제 제조사마다 내추럴 계열의 색상 중 10레벨 이상의 가장 밝은 염모제를 말한다.
(예) 웰라(12/00, 14/00), 로레알(12.3), 아모스(0.00)

(3) 시술 순서

① 고객과 헤어컬러리스트는 안전 및 위생에 맞게 시술 준비를 한다.

② 사용할 염모제를 준비하고 1제와 2제는 도포하기 바로 직전에 혼합하여 사용한다.

③ 염색도포 순서에 맞게 블로킹을 나누고 흰머리가 집중된 부분부터 도포한 후에 염색도포 순서에 맞게 뿌리부분부터 도포하고 20분 자연방치 후 스트랜드 테스트를 통해 기염부를 연결한다. 이때 기염부에 염모제 도포 전에 PPT나 LPP 등 트리트먼트를 먼저 도포해 주면 모발손상을 줄일 수 있다.

④ 총 타임 35분 후 샴푸와 트리트먼트로 마무리한다.

check point

백모커버염색은 피부에 묻으면 쉽게 지워지지 않으므로 두피 및 페이스라인에 묻지 않도록 주의하여 도포하고, 필요 시 이어캡과 피부보호크림이나 리무버를 사용하여 시술 후 깨끗하게 지울 수 있도록 한다. 또한 일반적으로는 자연방치를 하나 모발이 억세거나 염색이 되기 힘든 경우에는 랩핑처리한다.

도포순서

탑에서 네이프로, 프론트에서 사이드로 진행하면서 도포한다.

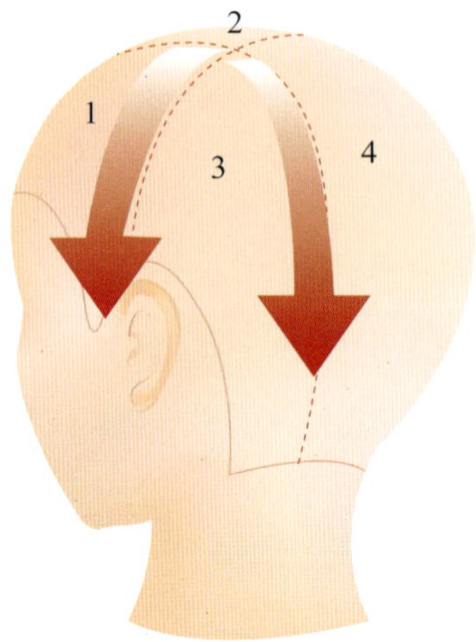

약제도포 테크닉

신생모(뿌리)를 먼저 도포한 후 기염부를 연결시켜 도포한다.

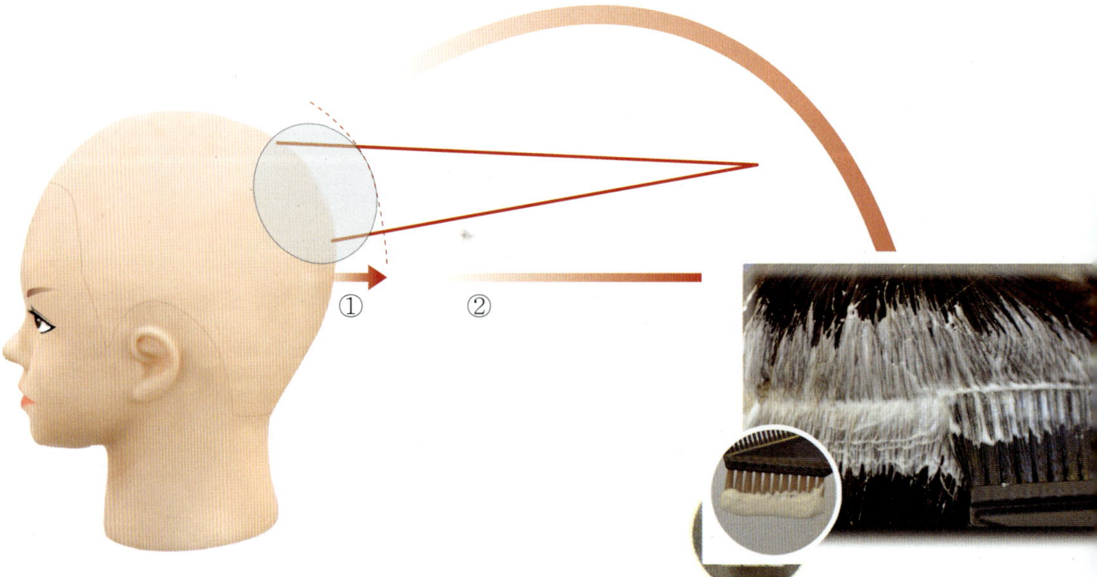

염모제 도포 시 주의사항

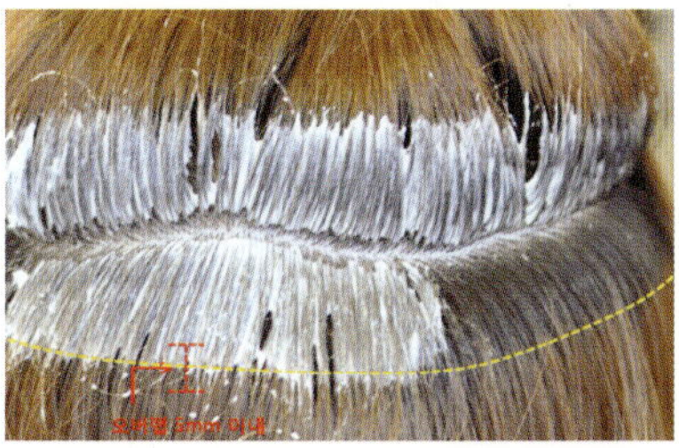

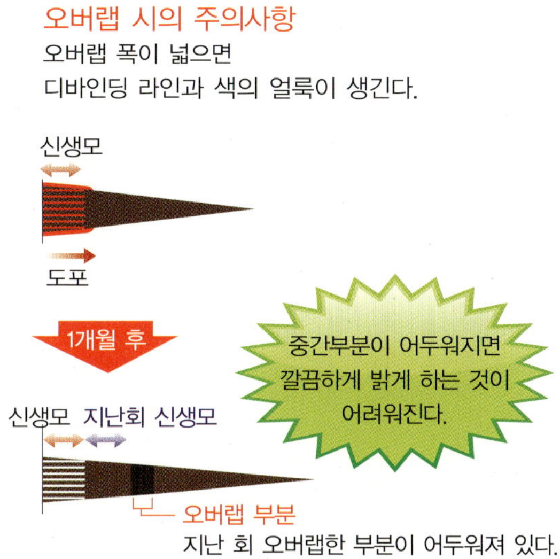

4. 알칼리화염색

(1) 버진헤어 (톤업)

일반적으로는 버진헤어 톤–업 시 도포 순서와 시간차이를 둠으로써 균일한 염색결과를 얻을 수 있지만, 모발 건강상태나 길이 등을 고려해서 다양한 염색도포 테크닉으로 염색을 시술할 수 있다.

① 고객에게 염색 전에 패치 테스트(스킨 테스트)를 실시하여 반응을 살핀다.

② 고객과 헤어컬러리스트는 안전 및 위생에 맞게 시술 준비를 한다.

③ 사용할 염모제를 준비하고 1제와 2제는 도포하기 바로 직전에 혼합하여 사용한다.

④ 모발을 건강모와 손상모로 나누고 각 모발상태에 따라 시간과 염모제 레벨을 조절하여 도포한다.

⑤ 약 20분 정도 후 스트랜드 테스트 후 총 타임 약 30분(±5분) 후 샴푸와 트리트먼트로 마무리한다.

건강 버진헤어 톤-업(시간으로 조절)

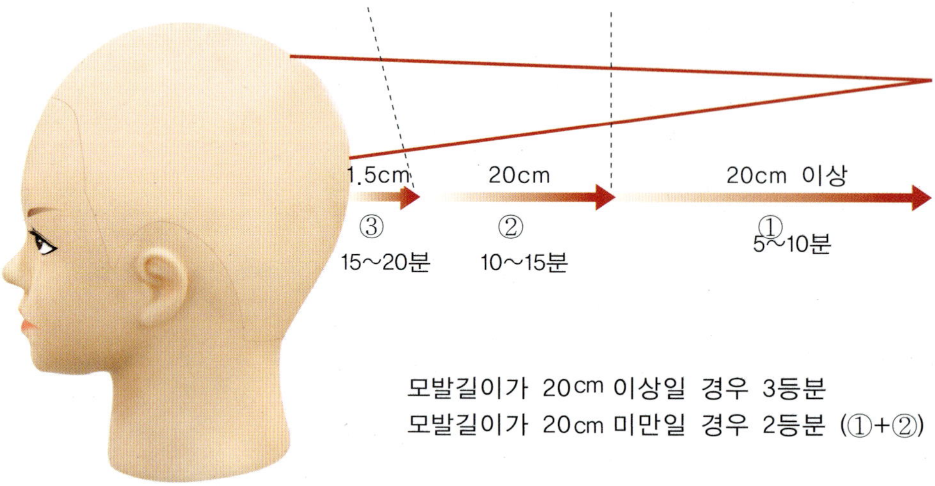

모발길이가 20cm 이상일 경우 3등분
모발길이가 20cm 미만일 경우 2등분 (①+②)

건강 버진헤어 톤-업(염모제 레벨 조절)

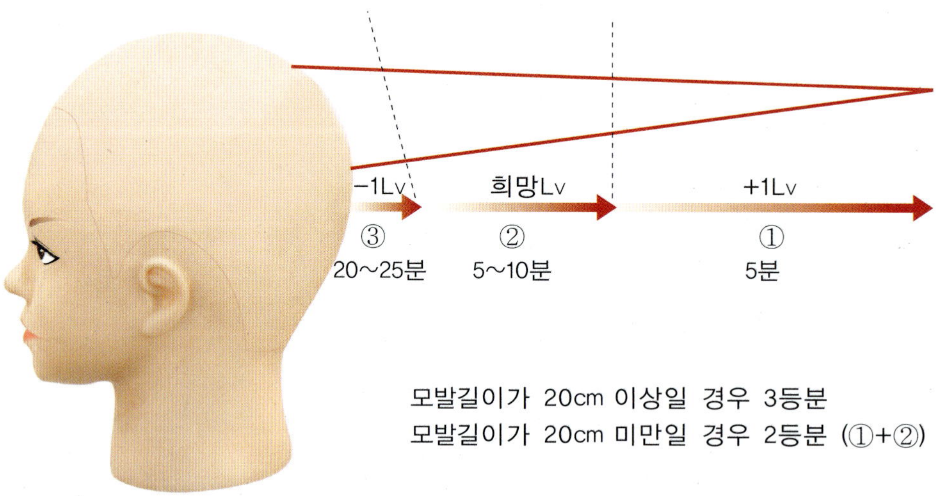

모발길이가 20cm 이상일 경우 3등분
모발길이가 20cm 미만일 경우 2등분 (①+②)

* 염색은 처음하지만 펌 등으로 인해 모발 끝이 손상되어 있는 경우

손상 버진헤어 톤-업(시간으로 조절)

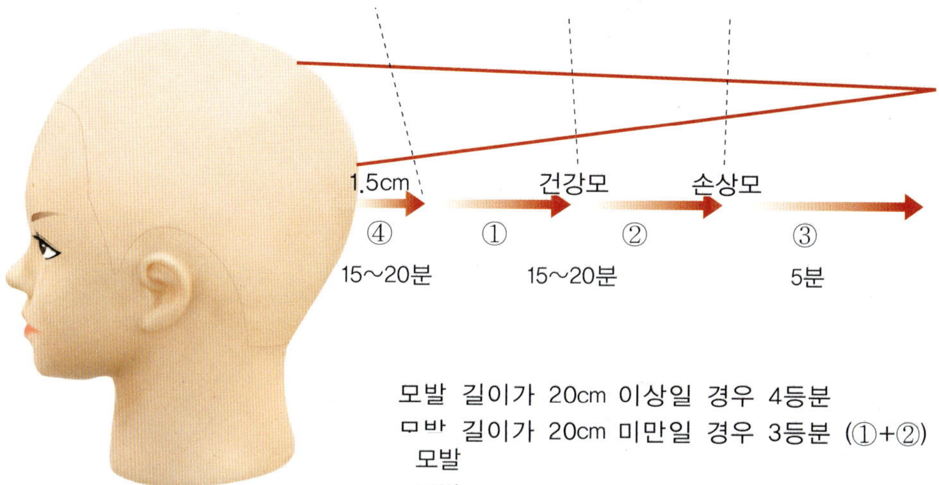

모발 길이가 20cm 이상일 경우 4등분

모발 길이가 20cm 미만일 경우 3등분 (①+②)

모발

모발

손상 버진헤어 톤-업(염모제 레벨 조절)

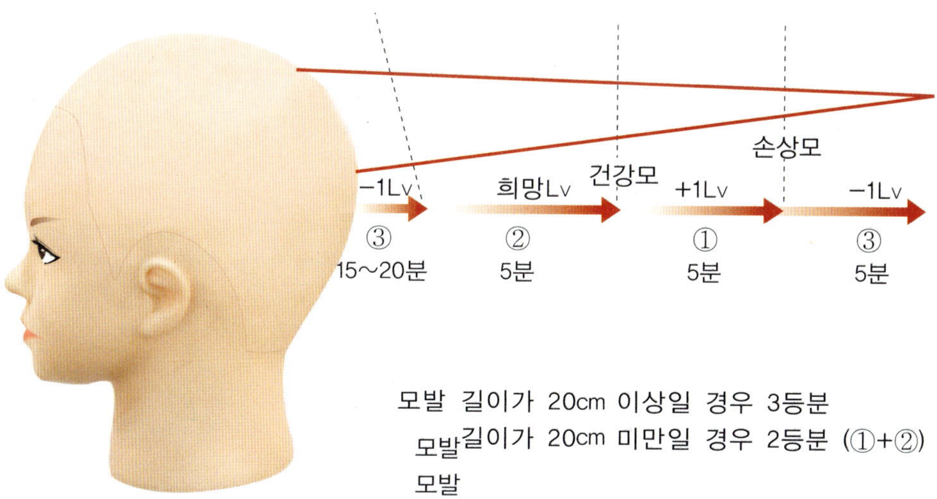

모발 길이가 20cm 이상일 경우 3등분

모발길이가 20cm 미만일 경우 2등분 (①+②)

모발

(2) 리터치-톤업

리터치-톤업 염색은 기염부의 염색보다 밝게 염색할 때 사용하는 테크닉

① 고객에게 염색 전에 패치 테스트(스킨 테스트)를 실시하여 반응을 살핀다.

② 고객과 헤어컬러리스트는 안전 및 위생에 맞게 시술 준비를 한다.

③ 사용할 염모제를 준비하고 1제와 2제는 도포하기 바로 직전에 혼합하여 사용한다.

④ 버진헤어는 버진헤어-톤업 염색과 같은 순서로 도포하며 기염부의 도포는 신생모 도포 바로 전에 도포한다.

⑤ 약 20분 정도 후 스트랜드 테스트 후 총 타임 약 30분(±5분) 후 샴푸와 트리트먼트로 마무리한다.

리터치 톤-업

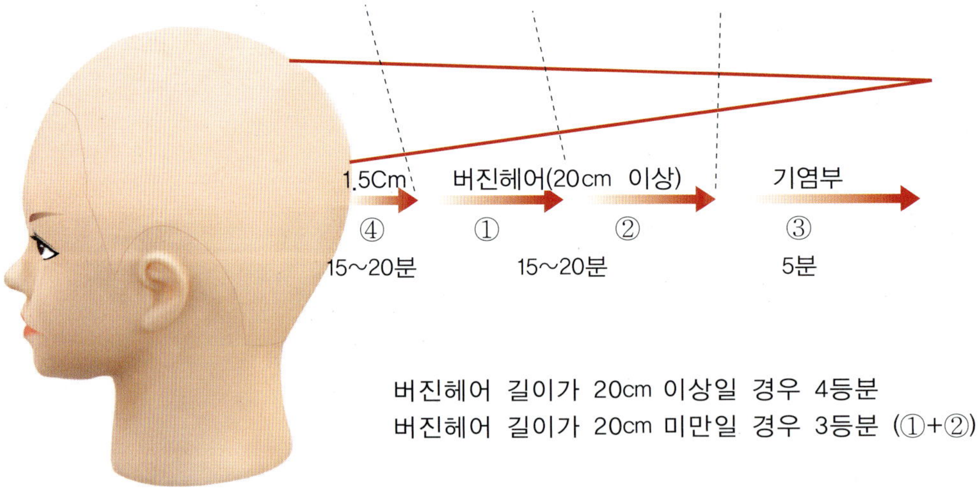

(3) 리터치-톤 온 톤

기염부의 명도 변화 없이 색상만 바꿔주는 염색 테크닉이다.

① 고객에게 염색 전에 패치테스트(스킨테스트)를 실시하여 반응을 살핀다.
② 고객과 헤어컬러리스트는 안전 및 위생에 맞게 시술 준비를 한다.
③ 사용할 염모제를 준비하고 1제와 2제는 도포하기 바로 직전에 혼합하여 사용한다.
④ 버진헤어는 버진 헤어-톤업 염색과 같은 순서로 도포하며 기염부의 도포는 신생모 도포 후 3%의 산화제를 사용하여 도포한다.
⑤ 약 20분 정도 후 스트랜드 테스트 후 총 타임 약 30분(±5분) 후 샴푸와 트리트먼트로 마무리한다.

리터치 톤 온 톤

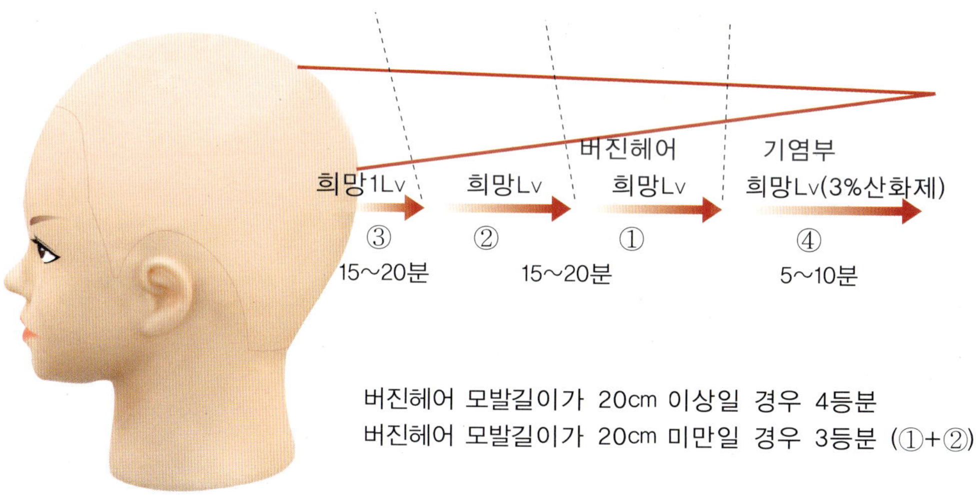

(4) 리터치-톤 다운

기염부의 명도보다는 어둡고 버진헤어 보다는 밝게 염색하는 테크닉

① 고객에게 염색 전에 패치테스트(스킨테스트)를 실시하여 반응을 살핀다.

② 고객과 헤어컬러리스트는 안전 및 위생에 맞게 시술 준비를 한다.

③ 사용할 염모제를 준비하고 1제와 2제는 도포하기 바로 직전에 혼합하여 사용한다.

④ 버진 헤어는 버진 헤어-톤업 염색과 같은 순서로 도포하며 기염부의 도포는 신생모 도포 직전에 톤다운 Lv과 3%의 산화제를 혼합하여 도포한다.

⑤ 약 20분 정도 후 스트랜트 테스트 후 총 타임 약 30분(±5분) 후 샴푸와 트리트먼트로 마무리한다.

리터치-톤 다운

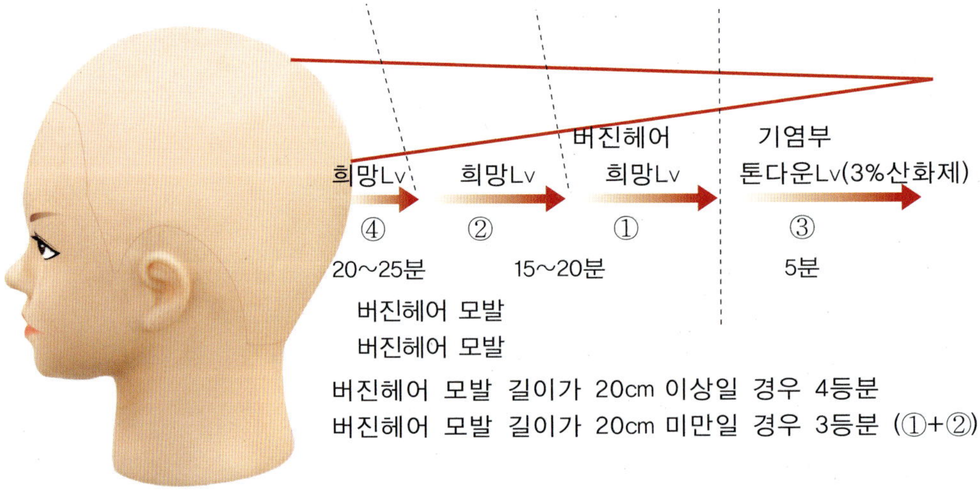

5. 프리–피그먼테이션(pre–pigmentation)

선착법이라고도 하며 백모커버 염색 시 백모가 밀집되어 있는 부분이나 퇴색이 심한 부분에 본 염색 전에 사용하는 기법으로 버진헤어 명도의 염모제를 3% 산화제나 물과 1:1로 혼합하여 도포한 후 약 5분이 지나면 본 염색을 시술한다.

6. 애프터–피그먼테이션(after–pigmentation)

후착법이라고도 하며 스트랜드 테스트 시 백모커버력이 떨어지거나 색상 착색이 미흡할 경우에 사용하는 기법으로 본 염색보다 1~2레벨 낮은 염모제를 1제만 사용하여 재도포 후 약 15분 정도 방치한다.

7. 프리–소프트닝(pre–softening)

연화법이라고도 하며 강모의 버진헤어나 백모커버 염색 시 큐티클을 팽창시켜 염모제의 착색력을 높이는 기법으로 6%의 산화제를 사용하여 버진 헤어에 도포하고 열기구나 드라이어를 이용하여 약 10분 정도 건조시킨 후 헹구지 말고 바로 본 염색 시술에 들어간다.

8. 클렌징기법과 블리치기법

(1) 샴푸 블리치 (탈색제1+ 산화제1+ 샴푸1+ 미온수1)

파우더보다 펴짐성이 좋고 용이하게 도포된다. 긴 모발이나 숱이 많은 발수성 모발에 적합하다. 도포시간이 길어져 얼룩이 질 것 같은 모발에 사용하며 거품이 발생하여 쿠션 효과로 손상을 줄여준다.

도포방법 : 혼합하여 중탕 후 섹션을 떠서 빠르게 도포 부드럽게 마사지하며 반사빛 제거 시 거품 샴푸

방치시간 : 5~10분

얇은 섹션/ 균일한 도포/ 충분히 도포하여 원하는 블리치 레벨이 나올 때까지 혹은 원치 않는 반사빛이 제거될 때까지 부드러운 마사지를 실시한다.

(2) 리페어블리치 (탈색제1+산화제3+트리트먼트1)

부드러운 효과로 빠른 탈색보다 부드러운 효과를 우선시 할 때 시술하며 탈색제는 색소가 없어 트리트먼트를 섞어도 색소가 퍼지는 현상이 없어 가능하다.

(3) 마일드블리치 (탈색제1+산화제3+트리트먼트1)

모발 끝이 어두워 색소만 살짝 제거하고자 할 때 빗이나 손으로 도포하여 시술한다. 제형이 묽어 부드럽게 도포가 용이하다.

(4) 딥 클렌징 (탈색제1+산화제3)

어둡게 염색한 모발을 밝게 하려면 인공색소를 딥클린징하여 바탕색을 밝게 만들어 준 다음 원하는 색상으로 염색하여야 밝은 컬러를 낼 수 있다.

코팅한 모발을 밝게 염색할 경우에도 먼저 코팅 색상을 딥클린징 한 다음 염색을 해야 원하는 색상을 얻을 수 있다.

제 5 절 호일 워크 테크닉

호일 워크는 블리치를 사용하여 부분적으로 탈색을 하거나 2가지 이상의 염모제를 사용하여 염색하는 기법이다. 한 가지 색상을 사용하여 염색을 하다보면 자칫 밋밋할 수 있는 부분을 보완하거나 얼굴형을 보완하기도 하고 교대, 진행, 대조 등의 디자인 원리를 응용하여 전체적인 헤어컬러 스타일에 율동감을 주거나 깊이감을 주기도 하는 등 여러 가지 다양한 효과를 줄 수 있다.

(1) 슬라이스 테크닉(slice technic)

슬라이스 두께를 약 1cm로 하여 교대로 시술해 준다.

(2) 위빙 테크닉(weaving technic)

슬라이스 두께를 약 1cm로 하여 한 단은 그대로 두고 그 다음 단의 판넬을 약 1cm 간격으로 1cm의 두께로 위빙을 주며 하이라이트를 준다.

(3) 싱글즈 테크닉(singles technic)

슬라이스 두께를 약 1cm로 하여 한 단은 그대로 두고 그 다음 단의 판넬을 3등분으로 나누어 가운데 부분만 위빙을 주며 하이라이트를 준다.

(4) 지그재그 테크닉(zig-zag technic)

슬라이스 두께를 약 1cm로 하여 지그재그로 파팅하여 그대로 두고, 그 다음 단의 판넬을 약 1cm 두께로 지그재그 파팅하여 하이라이트를 준다.

(5) 존 테크닉

특정한 규칙을 가지지 않고 디자인 컨셉에 따라 두상을 크게 존으로 나누어 염색해준다.

이어링 : 구레나룻 부위의 컬러를 통해 모발을 넘겼을때와 내렸을때의 디자인 차이를 주는 시술로 보브스타일의 디자인에서 많이 시술한다.

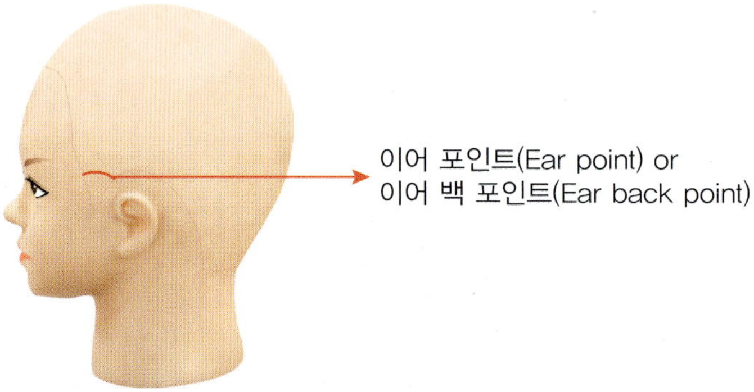

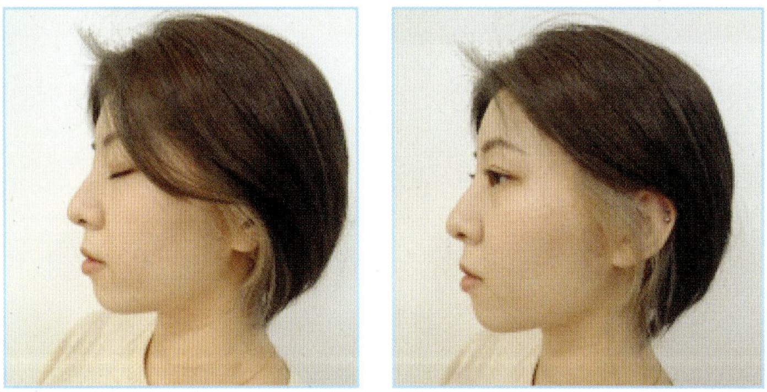

네이프 투톤 : 지그재그, 수평, U, V 등의 섹션을 활용하여 언더존의 모발을 염색하는 테크닉으로 존의 높이에 따라 디자인 연출이 가능하다.

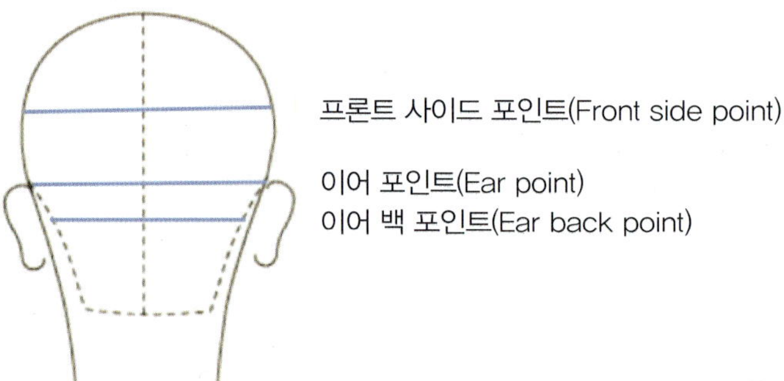

프린지 디자인 : 앞머리의 부분 또는 전체에 시술되는 스타일로 좁은 구간의 최소한의 염색으로 눈에 띄는 결과를 얻을 수 있다.

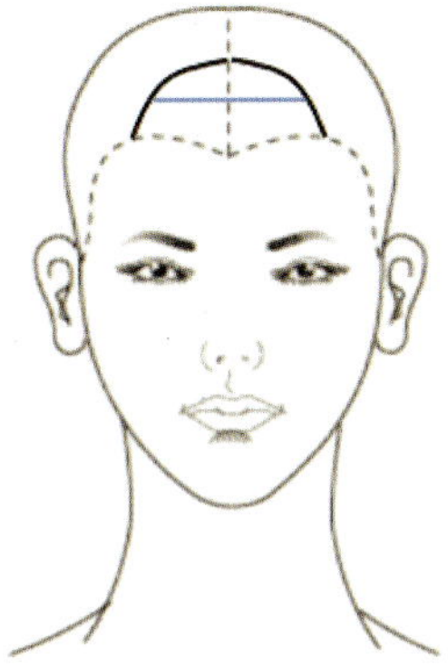

기타 존과 디자인 : 고객의 가르마, 스타일링 습관 등에 따라 표현하고 싶은 장소에 적절히 위빙, 슬라이싱을 활용하여 디자인한다.

제6절 살롱 크리에이티브 스타일

1. 옴브레

프랑스어로 그늘, 그림자(Shadow)라는 뜻으로 밝은 곳부터 어두운 곳까지 음영이 자연스럽게 그라데이션 되는 스타일이다. 일반적으로 모근부의 모발이 어둡고 끝으로 갈수록 밝아지거나 색이 첨가되는 디자인이다. 명암의 차이, 색의 차이 등으로 활용 가능하다.

도포방법

① 1point 페인팅

①-한쪽만 디자인하는 경우로 양사이드나 네이프 또는 패널의 좌우가 좁을 경우 사용

② 2point 페인팅

②-양쪽을 디자인하는 경우로 센터부분에 이용하며 가장일반적인 형태.
①보다 더 많은 효과를 줌

③ 3point 페인팅

③-양쪽이 높고 가운데나 한지점을 올리는 형태.
W-Back 또는 넓은 부분에 이용.
하이라이트를 많이 줌.

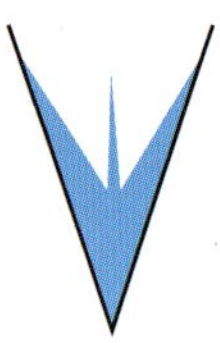

페인팅 기법이란 : 보드, 호일 등을 활용하여 스케치북에 붓으로 색칠하듯 브러싱 하는 테크닉.

(1) 시술 방법

① 고객이 주로 나누는 가르마로 내추럴파팅을 한다.

② 고객의 얼굴형, 옴브레가 드러나는 형태, 노출범위에 따라 전대각 또는 후대각의 세부섹션을 나눠준다.

③ 패널을 잡고 보드를 모근 가까이 안착시킨 후 모발 끝을 잡고 페인팅한다. 일반적인 디자인에서는 헤어라인쪽이 상대적으로 높은 포인트가 위치된다.

④ 페인팅 시 브러시의 각도는 직각에 가깝게 하여 불필요한 곳에 염모제가 닿지 않도록 유의한다.

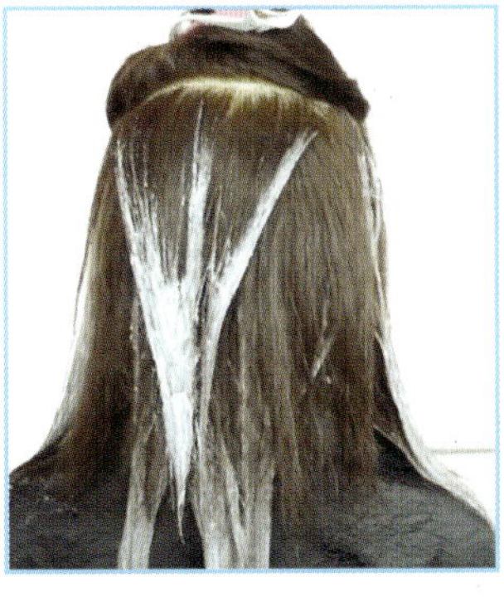

⑤ 두상의 넓은 부분의 경우 3 point를 활용하여 전체적으로 어우러 질 수 있도록 디자인한다.

⑥ 염모제를 모두 도포하고 적절한 방치시간을 거친다. 이후 컬러테스트를 진행하며 원하는 밝기 또는 색상이 나왔을 경우 세척한다.

⑦ 완성된 모습

2. 발레아주

프랑스어로 '빗자루로 쓸어담다', '칠하다(paint)'라는 뜻으로 뿌리부터 아래쪽까지 세로로 작업된 점진적이고 자연스러운 하이라이트 스타일이다. 옴브레의 그라데이션 느낌과 흡사하나 면 적인 요소보다 선 적인 요소가 강조된 스타일로 옴브레처럼 페인팅기법을 활용하거나 호일, 패들보드 등을 사용한다. 슬라이싱 또는 위빙 칩의 크기를 조절하는 것에 따라 자연스러운 디자인을 형성할 수 있으며 하이라이트 및 로우라이트가 가능하다.

클래식 발레아주(호일아주) : 가장 보편적으로 활용하는 스타일로 칩의 크기, 슬라이싱이나 위빙의 조절을 통해 디자인 연출이 가능하며 고객의 모발 길이, 레이어의 형태에 따라 충분한 상담 후 진행한다. 하이라이트로 진행할 경우 모발의 동화효과로 인해 전반적으로 밝아지는 느낌이 들며 4 level 정도의 명암차이가 있을 때 컨트라스트의 효과가 나타난다.

(1) 시술 방법

① 고객의 내추럴파팅에 따라 가르마를 나눈다.

② 파팅을 나눈 후 시술이 용이하도록 세부 섹션을 나눈다. 슬라이싱을 활용할 때에는 일반적으로 후대각 섹션을 사용하며 슬라이싱의 간격을 통해 하이라이트 느낌을 조절할 수 있다.면 적인 느낌보다 선적인 느낌이 강조될 수 있게 디자인한다.

③ 호일을 통해 불필요한 모발이 염모제에 의해 오염되지 않도록 유의한다. 시술 진행방향은 보여지는 부분(사이드)에서 노출이 적은 부분(네이프)으로 진행한다. 일반적으로 엑스테리어 부분의 슬라이싱 또는 페인팅기법을 활용하는 것이 시술시간을 단축할 수 있다.

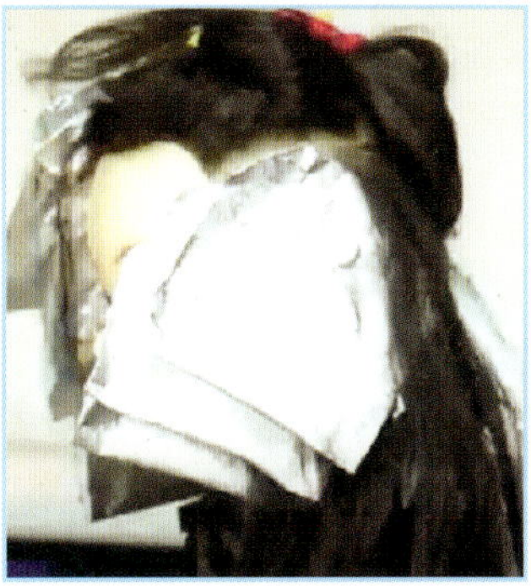

④ 프린지나 두상의 탑부분, 즉 인테리어 존으로 진행 될수록 위빙을 활용하여 선적인 느낌을 강조한다. 경우에 따라 하이라이트와 로우라이트를 적절히 응용할 수 있다.

⑤ 완성된 모습

발레아주 에어터치 : 틴닝된 모발에 드라이어를 활용하여 가장 자연스러운 스타일 연출이 가능하며 다른 크리에이티브 디자인 컬러의 단점인 리터치의 어려움을 보완한 디자인이다. 추후 모발이 자라났을 때도 에어터치를 활용하여 틴닝된 모발을 제거하기 때문에 리터치가 가능하고 다른 디자인컬러 작업에 비해 시술시간이 다소 더 소요될 수 있다. 틴닝되지 않은 모발의 경우 사전작업이 필요하다.

(1) 시술 방법

① 사전 틴닝 처리된 모발을 호리존탈 섹션으로 나눈 후 드라이어가 스트랜드와 직각이 되도록 한 후 위아래로 쓸어주어 바람을 통해 짧은 모발을 걷어낸다.

② 틴닝되어 짧은 모발을 쥐고 아래로 내려 하이라이팅 하고자 하는 모발에 방해되지 않도록 처리한다.

③ 남은 긴 모발의 아래로 보드 또는 호일을 안착시킨 후 염모제 또는 블리치제를 도포한다. 이때 모근 가까이 염모제가 도포될 경우 의도하지 않은 모발에 염색이 될 수 있으니 적당한 간격을 유지한다.

④ 주변 모발 및 시술에 방해되지 않도록 깨끗하게 호일웍을 진행한다.

⑤ 에어터치 시술의 경우 호리존탈 섹션으로 진행하여도 시술 후 결과물이 자연스러우나 탑 부분의 경우 일반적으로 틴닝이 적게 시술되는 경우가 많고 이에 따라 하이라이팅 시 면적인 요소가 강조될 여지가 있으므로 위빙으로 시술한다. 위빙 칩의 크기는 고객의 니즈에 따라 간격을 조절한다.

⑥ 적당한 방치시간을 거치고 컬러테스트 후 세척한다. 이후 토닝 작업을 선택할 수 있으며 발레아주 에어터치의 경우 타 시술에 비해 하이라이팅 되는 부위가 상대적으로 넓은 편이므로 컬러 중화 작업을 진행 할 수 있다. 토닝을 진행하지 않을 경우 선택한 블리치제나 염모제의 컬러감이 나타난다.

⑦ 토닝 완료 후 완성모습

(3) 블랙빼기

그레이 헤어 커버용 산화영구염모제의 사용이나 톤다운, 자연염모제(헤나) 등으로 어두워진 모발의 색소를 분해하거나 제거하여 모발을 밝히는 시술로 컬러 리무버, 탈염제, 탈색제 등을 활용한다.

블랙빼기 시술순서

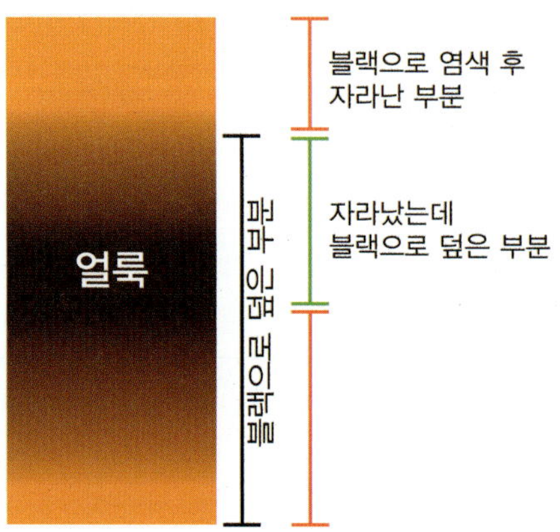

1. 전체적으로 원하는 컬러레벨보다 1-2레벨 높은 컬러로 전체 염색 후 부분 탈색 하는 방법 〉 가장 모발손상이 적지만 얼룩의 완벽한 제거가 힘듬.

2. 전체 탈염 또는 묽은농도로 탈색 후 가장 어두운 컬러에 맞춰 염색.

3. 전체 탈염 또는 묽은농도로 탈색 후 세척, 이후 어두운 부분을 집중적으로 재탈색 하는 방법.

(4) 컬러토닝

언더톤(yellow, orange)의 커버를 위한 컬러토닝 테크닉은 모발색상의 보색을 활용하여 진행된다. 가장 보편적으로 보색샴푸(실버샴푸)로 일컬어지는 보라색 또는 청색계열의 색소샴푸를 활용하는 것과 산성컬러, 산화영구염모제를 활용한 컬러토너로 실행할 수 있다. 보통 탈색 후 염색 시술 전 베이스컬러의 안정화를 위해 진행되며 일반적인 탈색으로 20lv의 베이스를 만드는 것은 모발손상의 위험이 매우 크고 페오멜라닌을 탈색만으로 제거하는 것은 불가능에 가깝기 때문에 화이트 베이스 제작에도 활용된다. 컬러토닝 진행 후 염색을 덮을 경우 색상의 선명도나 유지력, 발색력이 좋아진다.

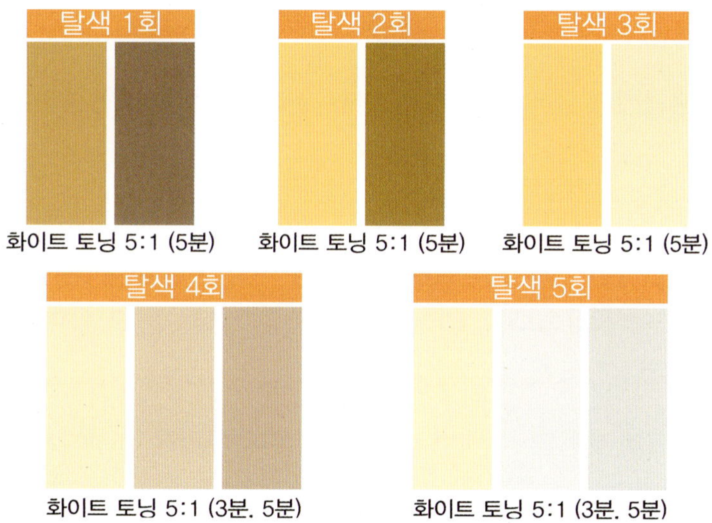

보색샴푸 활용법 : 탈색 후 모발의 잔류 멜라닌색소를 보색중화하기 위한 샴푸로 일반 약산성샴푸 성분에 색소가 함유되어 있는 것이 특징이다. 가장 적은 손상으로 모발에 색소 공급이 가능하다.

산성염모제 활용법 : 모발의 베이스에 따라 파랑 : 보라 : 샴푸 = 2 : 1 : 3~5로 믹스하여 육안으로 확인하고 컬러토닝을 연출 할 수 있다. 산성염모제의 종류나 색의 강도에 따라 조절할 수 있다.

산화영구염모제 활용법 : 뉴트럴계열이 함유되지 않은 조색제나 8lv 정도의 염모제 중 파랑 : 보라 : 샴푸 = 2 : 1 : 3으로 믹스하여 경우에 따라 3% 산화제를 함께 활용 할 수 있다. 염모제의 알칼리 성분으로 인해 모발의 팽윤 우려가 있지만 색상의 베리에이션이 넓어 활용도가 높다.

수행평가1 (PERFORMANCE TEST)

세부 교과명		평가자	
		평가날짜	
학습자 성명			

지시사항 : 매쉬테크닉을 사용하여 독창적인 염색을 하시오.
–제한시간 : 00분
–실습자의 디자인에 따라 슬라이싱 두께와 블로킹은 자유로 하되 독창적인 디자인이어야 한다.

수행기준 (PERFORMANCE CRITERIA)	Yes	No
학습자는 (실습준비) 1. 실습에 사용할 소모품/도구(꼬리빗, 염색용 브러쉬, 염색볼, 수건, 핀셋, 장갑, 염색약, 탈색제, 호일 등)는 다 준비되어 있는가?		
2. 작업도구는 청결한가?		
3. 복장은 준비되었는가?		
4. 작업환경은 정돈되었는가?		
(염색과정)		
5. 실습계획은 독창적인 디자인으로 잘 세워졌는가?		
6. 슬라이싱 및 블로킹은 디자인계획대로 잘 수행되었는가?		
7. 염색제 및 탈색제는 제조사의 지시대로 조제가 되었는가?		
8. 염색방치시간은 적절한가?		
9. 염색과정은 정확한가?		
10. 실습 후 정리정돈 및 청소는 깨끗이 하였는가?		
(안전 및 위생관리) 11. 염색 실습 시 안전관리사항과 위생관리사항을 준수 하였는가?		
(결과평가) – 제한시간 안에 완성 되었는가?		
– 지시사항을 잘 준수하였는가?		

comment		

수행평가2 (PERFORMANCE TEST)

세부 교과명		평가자		
		평가날짜		
학습자 성명				
지시사항 : 현재 트렌드에 맞는 색상을 고객에게 적용하여 시술하기				

수행기준 (PERFORMANCE CRITERIA)	Yes	No
학습자는 (실습준비)		
1. 실습에 사용할 소모품/도구(꼬리빗, 염색용 브러쉬, 염색볼, 수건, 핀셋, 장갑, 염색약, 탈색제, 호일 등)는 다 준비되어 있는가?		
2. 작업도구는 청결한가?		
3. 복장은 준비되었는가?		
4. 작업환경은 정돈되었는가?		
(염색과정)		
5. **2013**년 가을 트렌드 조사는 잘 되었는가?		
6. 트렌드에 맞는 대담한 디자인은 잘 되었는가?		
7. 디자인에 맞게 효율적으로 시술계획은 잘 세워졌는가?		
8. 시술계획에 맞게 염색시술이 잘 수행되었는가?		
9. 염색제 및 탈색제는 제조사의 지시대로 조제가 되었는가?		
9. 염색방치시간은 적절한가?		
10. 염색과정은 정확한가?		
11. 실습 후 정리정돈 및 청소는 깨끗이 하였는가?		
(안전 및 위생관리)		
12. 염색 실습 시 안전관리사항과 위생관리사항을 준수하였는가?		
(결과평가)		
– 제한시간 안에 완성되었는가?		
– 지시사항을 잘 준수하였는가?		

comment	

Chapter 6
헤어컬러링 상식
(Q & A)

Chapter 6

헤어컬러링 상식(Q&A)

Q1 : 염색은 얼마 만에 하는 것이 좋은가요?

A1 : 신생부가 2~3cm 정도 자란 6~8주 정도가 적당하며, 모발 손상도에 따라 전체 염색보다 리터치를 하는 것이 좋습니다.

Q2 : 퍼머넌트웨이브와 염색 중 어떤 것을 먼저 해야 할까요?

A2 : 퍼머넌트웨이브와 염색을 동시에 하는 것은 모발과 두피에 심한 손상을 주게 됩니다. 퍼머넌트웨이브를 한 후 염색을 하게 되면 펌의 컬이 염모제의 알칼리 성분에 의해 늘어지게 되므로 이 경우 퍼머넌트웨이브를 원하는 컬보다 강하게 시술하는 것이 좋습니다. 염색을 하고 펌을 하게 되면 큐티클이 열리고 완전히 착색이 되지 않은 상태에서 퍼머넌트웨이브약이 침투하는 과정에서 염모제의 색소가 빠지게 됩니다.

Q3 : 임신 중에 염색을 해도 되나요?

A3 : 되도록 하지 않는 것이 좋습니다. 만약 하게 된다면 태아 형성기인 3~4개월, 출산 전인 9~10개월, 출산 후 100일까지는 피하시기 바랍니다. 출산 후 100일까지는 출산 후 휴지기 탈모 기간이므로 많은 모발이 빠지는 시기입니다.

Q4 : 생리기간 중 염색을 해도 될까요?

A4 : 모공에는 피지선, 두피에는 한선이 있는데 피부의 이러한 분비선이 신체 컨디션을 조절합니다. 생리 중에는 피지분비를 촉진시키는 항체 호르몬이 많아져 피부와 두피가 지성이 되어 모발에 많은 피지가 침투되어 잘 씻어지지 않습니다. 따라서 퍼머넌트웨이브나 염색도 잘 되지 않습니다. 또한 내분비의 균형이 깨져 피부 자체가 예민해지는 때이기에 염색을 피하도록 권장합니다.

Q5 : 염색을 하면 눈이 나빠지나요?

A5 : 염모제의 암모니아 성분이 눈에 자극을 주거나 시리게 할 수도 있지만 휘발성이라 직접적으로 나빠지지는 않습니다. 그러나 눈에 들어가게 되었을 경우에는 안과에 가보는 것이 좋습니다.

Q6 : 염색 시 옷에 묻은 염모제는 세탁하면 지워지나요?

A6 : 색이 진한 옷은 탈색이 되며 연한 색의 옷은 얼룩이 발생합니다. 반드시 얼룩이 지지 않는 앞치마를 해야 합니다.

Q7 : 염색 시 염색용 장갑을 꼭 착용해야 하나요?

A7 : 손톱은 케라틴 단백질로 구성되어 모발과 같은 성분이며 염색제가 손톱이나 피부에 묻으면 잘 지워지지 않고, 피부에 좋지 않으므로 꼭 착용합니다.

Q8 : 염색 시 페이스 라인에 묻은 염모제는 지워지나요?

A8 : 시술 전 페이스 라인에 크림을 발라 잘 지워지도록 조치하고, 혹시 묻은 염모제는 컬러리무버로 제거가 가능합니다.

Q9 : 염모제 1제와 2제를 섞어서 쓰고 남은 염모제 처리는 어떻게 할까요?

A9 : 혼합한 약액은 이미 산화되어 효력이 없으므로 더 이상 사용할 수 없습니다.

Q10 : 헤어 염색 후 남은 염모제로 눈썹이나 속눈썹을 염색해도 괜찮을까요?

A10 : 눈, 입가의 점막부위는 염모제가 닿지 않아야 하며 눈에 염모제가 들어가면 안 되므로 사용하지 않는 것이 좋습니다.

Q11 : 염색하는 곳의 온도는 어느 정도가 적당할까요?

A11 : 온도가 너무 높으면 너무 빨리 염색이 되며 습도가 높을 경우 시간조절이나 색상조절이 어렵습니다. 너무 추우면 체온이 떨어져서 염색이 잘 되지 않으므로 적당한 온도(25℃)에서 염색해야 합니다.

Q12 : 염색하는 곳의 조명은 어떤 영향을 미칠까요?

A12 : 염색하는 곳의 조명이 너무 어두우면 반사 색조를 보기 어려우므로 시술 후 밝은 곳에서 보면 더 밝아진 것을 볼 수 있습니다. 형광등이나 백열등만 있는 것보다는 인공조명을 적절히 배치하여 자연광의 상태를 연출하는 것이 좋습니다.

Q13 : 염모제에 표기되어 있는 시간을 꼭 지켜야 할까요?

A13 : 염모제에 표기되어 있는 작용시간은 제품회사에서 실험 후 화학작용에 꼭 필요한 시간을 표기한 것이므로 반드시 지켜야 합니다. 만약 시간을 너무 단축한다면 발색이 제대로 되지 않고 퇴색이 빨라집니다. 반면 너무 오랜 시간 방치하면 모발 손상의 위험이 있습니다.

Q14 : 염모제끼리 섞어서 사용해도 되나요?

A14 : 원하는 색상이나 명도를 맞추기 위하여 섞어 쓰는 것도 가능하지만 섞을수록 색상이 탁해지기도 합니다. 또한 따뜻한 색조(붉은 색, 구리색, 금색계열)는 따뜻한 색조끼리, 차가운 색조(초록색, 파란색, 재색, 보라색 계열)는 차가운 색조끼리 섞어서 사용하는 것이 좋습니다.

Q15 : 염색 전 샴푸를 꼭 해야 하나요?

A15 : 과도한 스프레이나 무스, 스타일링 젤, 유분기가 많은 에센스 등을 사용한 경우가 아니라면 염색 전 샴푸하지 않는 것이 좋습니다. 두피에 형성된 피지막이 알칼리의 자극으로 두피가 따가운 것을 방지해 줍니다.

Q16 : 염색 시 헤어캡을 쓰면 어떻게 되나요?

A16 : 비닐 헤어캡을 쓰면 산화작용이 억제되어 색상이 더 어둡게 얼룩질 수 있습니다. 염색 시에는 비닐 헤어캡을 쓰지 말아야 합니다.

Q17 : 모발의 굵기가 염색시간에 영향을 미치나요?

A17 : 가는 모발보다 굵은 모발이 시간이 더 오래 걸리고, 색상도 더 어둡게 나옵니다. 그러므로 염모제의 도포량이나 시간을 조절해야 합니다.

Q18 : 염색 시 빗질을 해도 되나요?

A18 : 염색이 진행되면 모표피가 열려 있는 상태가 되고 약해져 있어 빗질을 하면 모발 손상의 원인이 되므로 삼가야 합니다. 다만 모발길이가 너무 길어 염색약 도포나 색상 체크 시 빗질이 필요하다면 굵은 빗으로 가볍게 빗어야 합니다.

Q19 : 염색제 도포 시 손으로 핸들링을 왜 하나요?

A19 : 핸들링은 큐티클이 열리고 인공색소가 발색하는 데 도움을 주며 염색을 용이하게 합니다. 그러나 너무 심한 핸들링은 모발손상 및 얼룩진 염색결과를 가져올 수 있습니다.

Q20 : 동양인과 서양인이 같은 색상으로 염색하면 결과가 어떤가요?

A20 : 동양인과 서양인은 자연모발 레벨이 다르기 때문에 염색의 결과가 다릅니다. 자연레벨이 밝은 모발은 염색 결과도 밝게 나오며 동양인의 경우 자연모발 레벨(한국인 평균 3레벨)이 어둡습니다.

참고문헌

- 구본미,"HAIR COLOR DRESSING", 청구문화사, 2000.
- 김계순,"헤어컬러테크닉", 청구문화사, 2000.
- 김계순 외,"미용학개론", 훈민사, 2001.
- 김민정 외,"모발과학 및 관리학", 청람, 2007.
- 김성남 외,"미용학개론", 고문사, 2010.
- 김영미 외,"C.C.C 헤어컬러디자인", 청구문화사, 2011.
- 김종근 역,"성공하는 미용실 경영", 리그라인, 2004.
- 김주섭 외,"미용학개론", 북카페, 2010.
- 김주섭,"헤어컬러링", 구민사, 2021.
- 김주섭 외,"HAIR COLORING MATE", 리그라인, 2006.
- 공차숙 외,"헤어컬러디자인", 구민사, 2021.
- 김홍희,"컬러 앤 컬러즈", 광문각, 2005.
- 곽형심 외,"Art of hair color", 청구문화사, 2009.
- 곽형심 외,"모발과학", 수문사, 2005.
- 권태신,"헤어 컬러링", 청구문화사, 2004.
- 류은주,"HAIR COLORING", 청구문화사, 2001.
- 서윤경 외,"모발과학의 기초", 예림, 2011.
- 손보실,"미용사 핵심정리", 교학사, 2011.
- 안현경,"헤어케어 & 헤어컬러", 광문각, 2007.
- 오경숙,"혼자서도 쉽게 따라할 수 있는 염색", 내하출판사, 2006.
- 권혜영 외 4인,"공중위생관리학", 메디시언, 2012.
- 이미선,"Hair Color Art 염색탈색과 이론실기", 현문사, 1988.
- 이상근 외,"모발 염색학", 형설, 2007.
- 이순녀 외,"모발과학", 서우, 2008.
- 이영미 외,"헤어컬러링", 훈민사, 2011.
- 이의수,"모발과학", 현문사, 1998.
- 이진옥,"염색 탈색 실습서", 현문사, 2009.
- 정숙희 외,"헤어컬러링", 청구문화사, 2004.
- 정희영,"헤어 컬러링의 이해", 훈민사, 2011.
- 진종언 외,"화장품학", 정담미디어, 2011.
- 최근희 외,"THE ART OF HAIR COLOURING", 예림, 2011.

- 최영희 외,"미용경영학", 광문각, 2011.
- 황정원,"HAIR COLOR DESIGN", 고문사, 2002.
- 황희순,"미용학개론", 청구문화사, 2002.
- 황희순,"미용학개론", 청구문화사, 2002.
- 한국색채연구소,"컬러리스트", 지구문화사, 2012.
- 사단법인 한국색채학회,"컬러리스트", 도서출판 국제, 2003.
- 김용선,"미용색채", 광문각, 2004.
- 이명선 외,"미용색채학", 군자출판사, 2005.
- 윤복연,"미용색채학", 훈민사, 2005.
- 이민선,"Hair color Art", 현문사, 1998.
- 정현진 외,"미용문화사", 광문각, 2004.
- E.H. Gombrich,"The Story of Art", Phaidon Press, 1995.
- 김옥연 외,"New 미용문화사", 메디시언, 2014.
- 곽형심 외,"미용문화사", 청구문화사, 2004.
- 양숙향 외,"패션 20세기", 교학연구사, 2010.

사진 자료

- 구글, 네이버, 다음 검색
- www.google.co.kr
- www.naver.com
- www.daum.net
- 아모스 컬러차트 : Amos Professional(http://www.amosprofessional.com)
- 로레알 컬러차트 : Loreal Professional Paris(https://www.lorealprofessionnel.co.kr)
- 웰라 컬러차트 : Wella Korea(http://wellakorea.co.kr)
- 시세이도 컬러차트 :Shiseido Professional(https://www.shiseido-professional.com)

찾아보기

알기쉬운
HAIR COLORING
헤어컬러링

2022년 9월 10일 초 판 인쇄
2022년 9월 15일 초 판 발행

저 자 양은진 · 이영미 · 김선희
김은하 · 김정숙 · 조해인

발행인 주병오 · 주민기
발행처 메디시인

경기도 파주시 회동길 209
파주출판문화정보산업단지

영업팀 (031) 955－7566 · 7577
편집팀 (031) 955－7731
FAX (031) 955－7730
홈페이지 www.ji-gu.co.kr
전자우편 jigupub@hanmail.net
등록번호 2005년 2월 16일 제 406－2005－000045호

ISBN 979－11－90839－73－0 값 24,000원